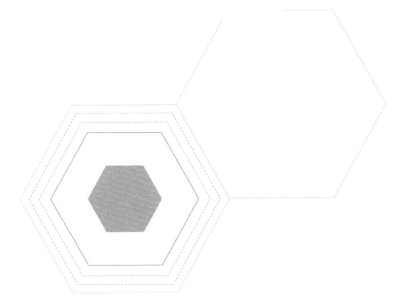

GRAPHENE

Graphene coming out of the ivory tower

张天蓉 ◎ 著

随机漫步与壁虎胶带

象牙塔里走出来的

石墨烯

广西科学技术出版社

图书在版编目（CIP）数据

随机漫步与壁虎胶带：象牙塔里走出来的石墨烯／
张天蓉著. —南宁：广西科学技术出版社，2019.11
　ISBN 978 - 7 - 5551 - 1227 - 3

　Ⅰ. ①随… Ⅱ. ①张… Ⅲ. ①石墨—纳米材料—研究
Ⅳ. ①TB383

中国版本图书馆 CIP 数据核字（2019）第 208659 号

SUIJI MANBU YU BIHU JIAODAI XIANGYATA LI ZOU CHULAI DE SHIMOXI

随机漫步与壁虎胶带：象牙塔里走出来的石墨烯
张天蓉　著

责任编辑：何杏华　罗绍松　　　　　　　责任校对：陈剑平
装帧设计：天行云翼·宋晓亮　　　　　　责任印制：韦文印

出 版 人：卢培钊
出版发行：广西科学技术出版社
社　　址：广西南宁市东葛路 66 号　　　邮政编码：530023
网　　址：http://www.gxkjs.com

印　　刷：广西昭泰子隆彩印有限责任公司
地　　址：南宁市友爱南路 39 号　　　　邮政编码：530001
开　　本：890 mm×1240 mm　1/32
字　　数：150 千字　　　　　　　　　　印　张：8
版　　次：2020 年 6 月第 1 版
印　　次：2020 年 6 月第 1 次印刷
书　　号：ISBN 978 - 7 - 5551 - 1227 - 3
定　　价：45.80 元

前言

　　纵观人类社会的发展，新型材料的发现和使用是非常关键和重要的一环。这也是为什么人类历史长河中的不少时期是以当时使用的热门材料而命名的。250万年以前，第一批人造的石头工具在非洲开始出现，一直到距今50000~4000年时才开始有冶金技术。因此，考古学家们将那一段比200万年更漫长的史前期，称为"石器时代"。因为那是早期人类以石头作为材料制作工具的年代。当然，所谓的石器是广义的。实际上，木材、骨头、贝壳、鹿角及其他天然材料当时也被广泛地作为工具使用。特别是在石器时代的后期，黏土等材料被烧制成陶器。所以如果细分的话，那段短时期可称为"陶器时代"。随着时间的推进，一系列冶金技术的发展和革新，人类又经历了红铜时代、青铜时代、铁器时代，后来又有了被技术革命推动的蒸汽时代、电气时代、原子时代……直到现在，人类正行进在以硅材料为主导的信息时代。

　　技术推进社会，材料改变时代，这是毋庸置疑的。此外，材料的性能对各种应用技术安全的重要性，也是一个不争的事实。人类文明的发展史，就是如何改进和创造更多更好的材料，更合理、更安全地使用材料的历史。

　　也许有人还记得1986年美国"挑战者号"航天飞机爆炸的

事故，这场惨剧令包括一名普通女教师在内的七名美国宇航员在起飞 73 秒后便命丧蓝天。之后，著名物理学家理查德·费曼参与了这次事故调查，并向公众演示了一个简单的"冰水实验"。原来，故障背后的物理原因竟是一个小小的 O 形垫圈，惊天事故是因材料性质变化而起！类似于一个普通垫圈，使用那个 O 形垫圈的目的是为了密封，防止喷气燃料的热气从连接处泄露出来。但由于航天飞机发射当天的气温过低，制环的橡胶材料在低温下失去了应有的弹性，因此使得其中一个 O 形垫圈失效，从而使炽热的气体漏出，点燃了外部燃料罐中的燃料，并最后导致一系列爆炸的连锁反应。

在 1988 年，也曾经因为飞机上一个金属材料小零件的寿命问题，引发了从美国夏威夷岛希洛国际机场起飞前往檀香山的波音 737 客机机身产生裂缝，险些酿成巨大空难。

材料的重要性，从 100 多年来颁发的诺贝尔物理学奖、化学奖中也可见一斑。诺贝尔奖得主中，因发现和研究材料而得奖之人，占据了不小的比例。能信手拈来的便有以下几个。

肖克利、布拉顿、巴丁三位美国物理学家，因研究半导体并发现晶体管效应，共同分享了 1956 年诺贝尔物理学奖，人类社会从此开启了"硅时代"。引领科技潮流几十年的计算机和信息技术中必不可少的集成电路，便是建立在半导体硅材料的基础之上。

美国人安德森、范弗莱克和英国人莫特，因对磁性和无序系统的电子结构的基础性研究，共同分享了 1977 年诺贝尔物理学奖。安德森研究非晶态物质，创立了凝聚态物理的局域化理论，使新超导材料等大展宏图；范弗莱克等对抗磁性和顺磁性物质研究做出重大贡献；莫特则研究过渡金属等固体材料。

德国化学家施陶丁格提出的"大分子"概念，推动了塑料、合成橡胶、合成纤维等工业的蓬勃发展。施陶丁格也因此荣获1953年诺贝尔化学奖。如今，高分子合成材料与金属材料、无机非金属材料并列构成材料世界重要的三大类别。

1996年，英国人克罗托及另两名美国科学家柯尔和斯莫利，因发现碳元素的新形式——富勒烯C60而获得了当年的诺贝尔化学奖。

本书将要介绍的材料——石墨烯，其发现者荣获了2010年的诺贝尔物理学奖，也是近年来材料研究与诺贝尔奖挂钩的著名例子。英国曼彻斯特大学的海姆和诺沃肖洛夫两位教授在石墨烯材料方面进行的卓越研究，开启了新型纳米材料研究应用的大门，使石墨烯及更多的纳米材料成为近年来备受关注的研究课题。石墨烯具有很多优异特性，如高导电性、高导热性、高比表面积和优异的机械性能等，在很多领域都有很好的应用前景。因此，此类研究热潮至今未衰。

如今的材料学是一个多学科领域，涉及物质的性质及其应用。随着近年来纳米科学和纳米技术的蓬勃发展，材料学被推到了高科技的前沿。

纳米技术又是什么呢？就大小而言，它指的是研究结构尺寸在0.1~100 nm范围内材料的性质和应用。实际上，纳米技术的目标是直接以原子或分子来构造具有特定功能的产品，是一种操作和使用单个原子、分子来构造物质结构的技术。

纳米技术的想法最早来自美国物理学家理查德·菲利普斯·费曼。早在 1959 年，费曼就天才地预言，如果我们能够从单个的分子甚至原子开始进行组装和控制以达到人类的要求的话，这将会极大地扩充人类获得物性的范围。这便是纳米技术灵感的来源。

如今，各种新材料多到令人眼花缭乱、目不暇接。而下一个量子时代哪种材料将崭露头角并成为主要的物质载体呢？有人认为很可能是石墨烯。

石墨烯在大小和结构上属于二维纳米材料，尽管可以说它的小规模"碎片"原本就天然存在于石墨中，但是对它的深入研究和应用却离不了纳米技术，石墨烯的发现大大促进了纳米材料合成技术的发展，并且石墨烯涉及的物理理论深奥，牵扯的应用前景可观。对它的研发，能够加速新材料在各个领域的广泛应用，其原理涉及量子理论、狭义相对论及数学中的拓扑学。因此可以说，石墨烯是来自象牙塔的新材料，它不仅是材料学家的宠儿，在工程应用方面也大有用武之地，理论上还可能帮助人们对量子理论进行深入探究，拨开其中的层层迷雾，为理论物理学的发展和突破做出贡献。

但是，有关石墨烯的性质和理论研究，多出现在高档次杂志及专业书籍中。对公众而言，大多数是知其然而不知其所以然。有关石墨烯的应用，媒体报道中也不乏炒作夸大之词，给公众造成许多混淆和疑惑。

那么，石墨烯到底是什么？它有何神奇之处？与其相关的物理原理和应用前景究竟如何？有关石墨烯的书籍中，专业的太专业，一般科普的又过浅显，市场需要一本能够以通俗的语言，深入浅出地为公众解释这种新材料，还其物理本质的科普读物，这便是本书写作的宗旨。

我们希望本书可填补专业书籍与浅科普书籍的间隙。通过阅读本书，既能使广大读者增长科学知识，又能激发年轻人对物理学及材料科学的兴趣，引领他们迈进科学技术的大门。此外，与石墨烯有关的技术应用不仅需要材料的更新，更重要的是原理上的提升。因此，本书也将使得各个相关领域的研究开发人员受益，帮助他们广开思路，获得启发，并将这种新材料进一步发扬光大，造福人类。

作为历史回顾，在本书的第一讲中，我们通过石墨烯的发现过程，为读者讲述有关研究者们饶有趣味且颇具传奇色彩的科研故事。接着的第二讲，则简要介绍理解石墨烯物理必不可少的一些量子力学知识和术语。为了更形象地认识石墨烯所涉及的微观世界，在第三讲中，借用几种石墨烯研究中常用的实验检测方法，给读者描绘出一幅原子及亚原子世界的直观图。

石墨烯的特殊性质，来源于它的二维晶体结构。特别是其电子输运性能，与其能带结构密切相关，因此我们需要懂得一点固体物理及能带论的知识，这是第四讲的内容。第五讲简单解释石墨烯能带狄拉克锥的相对论特性。第六讲则从普及和趣味的角度，介绍石墨烯与拓扑学的关系。

"石墨烯"一词的原意，指的是具有单层原子结构的二维晶体。因此，本书前半部分的理论以及对这种新材料神奇性能和特点的解读，基本上都是针对理想结构的石墨烯而言。然而，现实中制备出来并得以应用的石墨烯材料，却远远有别于这种理想晶体。因此，在第七、第八讲中，也浅谈石墨烯的制备方法，并对得到的各种派生材料及其应用前景做了一些简短的概括和介绍。

书中实例丰富、解释通俗、表述流畅、寓意深刻，既宜浅阅也可深读，尽量做到满足各个教育水平层次的读者的阅读兴趣。本书涉猎的知识范围广泛，既有量子、拓扑一类的纯科学，又有与材料相关的工程技术。希望能将现代科学技术中的许多领域，包括物理学和数学中的一些基础理论以及多种应用技术，通过神奇的石墨烯而串联到一起。

张天蓉

2019 年 11 月

CONTENTS

第一讲 背后的故事 001

一 何谓石墨烯 /002

二 石墨烯之父的随机漫步 /008

三 飞翔的青蛙和壁虎胶带 /012

四 胶带粘出诺贝尔奖 /017

五 兴旺的碳原子家族 /021

031 第二讲 量子世界

一 拨开迷雾求本质 /032

二 既是粒子又是波 /037

三 量子穿墙术 /040

四 自旋 /043

五 全同粒子 /047

六 量子纠缠 /050

七 波函数是什么 /053

八 不确定性原理 /055

九 量子测量和波函数塌缩 /057

十 概率的本质 /060

第三讲　细观石墨烯　063

一　原子和电子云 /064

二　共价键和杂化轨道 /069

三　首次窥探原子内部 /073

四　显微技术知多少 /077

五　光谱分析法 /085

六　角分辨光电子能谱学 /088

七　实验探测石墨烯 /092

097　第四讲　晶格和能带

一　结构决定性质 /098

二　何谓晶体 /101

三　何谓能带 /109

四　导体、绝缘体、半导体 /115

五　晶体中的自由电子 /118

六　有效质量和能带图 /120

七　有效质量的意义 /123

第五讲 能带和方程 127

- 一 石墨烯的能带 /128
- 二 能带的形成 /131
- 三 薛定谔方程 /136
- 四 狭义相对论 /138
- 五 狄拉克方程 /141
- 六 狄拉克锥 /144

149 第六讲 拓扑世界

- 一 橡皮膜上的几何学 /150
- 二 经典霍尔效应 /154
- 三 量子霍尔效应 /160
- 四 石墨烯中的霍尔效应 /164
- 五 "冰糖葫芦"模型 /167
- 六 电子自旋舞 /174
- 七 霍尔效应大家族 /179
- 八 石墨烯和拓扑绝缘体 /181

第七讲　新型材料 185

一　石墨烯的制备方法 /186

二　石墨烯的"近亲" /194

三　石墨烯的衍生物 /200

四　超导和石墨烯 /204

五　二维材料 /212

六　三维石墨烯 /218

221 第八讲　应用和前景

一　能源材料 /222

二　电子器件 /227

三　既柔又刚的超薄材料 /230

四　轻质的超强材料 /232

五　环境净化 /233

六　生物医学 /236

七　石墨烯和玻璃 /239

第一讲

背后的故事

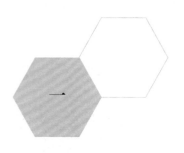

何谓石墨烯

如果让你想象一种世界上最薄的材料，你会认为它的厚度是多少？你的想象不会是毫无根据的凭空猜测，因为你已经具有现代科学的基础知识。高中化学课本告诉我们：化学元素可分割的最小单元是原子。那么，大多数人自然可以得出结论，最薄的稳定固体材料应该是由一层原子构成的吧！想到这儿，也许你会有点兴奋，哇，用单个原子层构成的材料！它的厚度将是多少？它会有哪些奇特的性质？如何将这种材料制造出来，应用于技术中呢？

要回答上述问题，还得看看构成这种材料的基础原子是什么，构成的方式如何。不过，现代的科学技术已经给我们提供了一个绝佳的例子。这种最薄的材料已经被制造出来了，对它的研究开发已经有了10多年的历史，它正在一步一步地寻求应用方向，逐渐走向我们的生活。这种材料就是石墨烯。

石墨烯是由单层碳原子紧密堆积成的二维蜂巢网状晶格结构，看上去就像由六边形网格构成的平面（或近似于平面）。

每个碳原子通过 3 个共价键与周围的碳原子构成正六边形（见图1-1-1）。单层石墨烯的厚度仅约为 0.335 nm，约为头发丝直径的二十万分之一，是目前世界上最薄的材料。

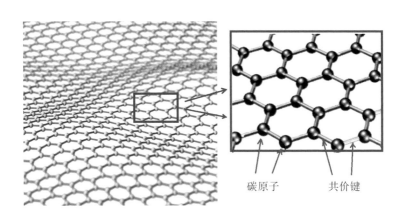

碳原子　　　共价键

图 1-1-1　石墨烯的六边形网状结构

为什么把它叫作"石墨烯"？因为它来自石墨，也就是人人都熟悉的铅笔芯所用的材料。铅笔的名字其实是个历史误会。事实上，铅笔芯中并没有铅，它的主要成分是石墨，而石墨是由碳原子构成的。

早在 16 世纪，英国人在一个叫巴罗代尔的地方，发现了某种大量的黑色矿石。这种矿石黑黢黢、油光光的，当地的牧羊人常用它在羊身上画记号，用以确定是谁家的羊，是哪一只羊。发现矿藏的几个文化人受此启发，心想：这玩意儿能在羊皮上画，也应该能在纸上留下痕迹吧，可以用来写字啊！不过，他们当年误以为这与古罗马人用纸包着写字的铅是同一种东西，只是比铅更软更黑，写出来的字清楚漂亮多了。于是，他们将这些黑色矿石称作"黑铅"。实际上黑铅就是我们现在所说的石墨。不久之后，英王乔治二世索性将巴罗代尔石墨矿收为皇室所有，把它定为皇家的专属品。1761年，德国化学家法伯将石墨制成石墨粉，同硫黄等其他物质混合制成一根一根的成品，再将它们夹在木条中，成为最早的铅笔。从那时候开始，铅笔工业便随着巴罗代尔石墨矿的开采而兴旺发达起来。现在，400多年过去了，你如果到巴罗代尔旅游，还可以见识到附近的Keswick博物馆里，陈列有一支号称世界最大的铅笔，记录着这段历史的痕迹。"铅笔"这名字也就将错就错，沿用至今。

直到1779年，瑞典化学家谢勒才发现黑铅并非铅，而是由碳原子构成的。之后，德国地质学家沃纳将这种物质的名字从黑铅改为石墨，因为这个单词在希腊文中表示"书写"的意思。智慧的中国人将它翻译成汉语"石墨"一词，意即"石中之墨"，可谓言简意赅、准确无误。

英国人在巴罗代尔发现的石墨，既让商人赚满了钱包，也让铅笔走向世界，为传扬人类文化立下汗马功劳。不过，他们可能万万没有想到，当今的科学家，从那黝黑柔软的石墨中，制造出了一种超薄超强又超透明的材料。这就是石墨烯。那这个"烯"字从何而来呢？是源于化学中对单原子层结构的描述。

如今，我们初步认识了石墨烯之后，再回头去看石墨的结构，发现原来它就是一层一层重叠起来的石墨烯，犹如重叠起来的扑克牌。换言之，石墨烯是石墨结构中最薄的一层。当我们用铅笔在纸上轻轻一画，没准儿就制造出了一小片石墨烯！（见图1-1-2）

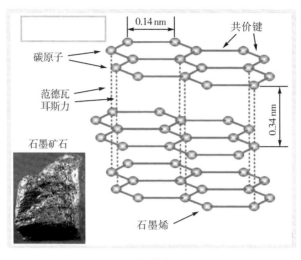

碳原子

共价键

0.14 nm

范德瓦耳斯力

石墨矿石

石墨烯

0.34 nm

a. 石墨结构

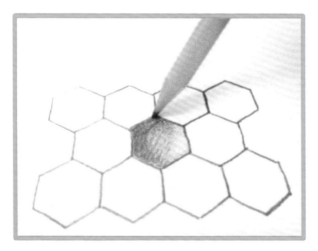

b. 石墨烯

图 1-1-2 从石墨到石墨烯

石墨烯虽然是石墨中的一层，但它绝不是石墨！尽管它们的名字只差一个字，但是这一字之差却决定了它们的性能及其制备难度上的天壤之别。石墨是石墨矿中开采出来的粗加工产品，石墨烯却是象牙塔中走出来的难得的新材料，不可以假乱真。

实际上，理论物理学家在早期并不看好这种单原子层的二维材料，认为它们是不稳定的。苏联有一位著名的理论物理学家列夫·达维多维齐·朗道（1908—1968 年），在 20 世纪 30 年代就从理论上证明了二维晶体的不稳定性[①]。

想象一下：企图制造出一种单层原子的二维材料，厚度仅仅是头发丝的二十万分之一，这听起来实在有点天方夜谭！即使是朗道这样的物理大师，在 80 多年之前也难以预料人类真的能造出这样的材料来。不过，尽管无法在实验室中得到它，但理论上总是可以探讨研究的，这便是科学的魅力所在。

朗道等研究之后认为，从热力学及统计物理学的观点来看，当绝对温度 T 接近 0 时，任何大小的二维格子都可能存在，但是随着 T 的增加，二维晶格系统中的振动能量也随之增加。有些能量（实际上是其决定的动量）将朝向平面之外，使得某些原子飞离二维结构。也就是说，在有限温度的条件下，二维晶体材料的热运动涨落会破坏其自身的结构，使其变得极不稳定。因此，朗道等得出结论：二维材料在常温下无法存在于自然界中。

朗道是研究晶体的专家，是固体物理及凝聚态物理的奠基人，他的观点和判断非同小可，使得大多数人都在二维材料的实验开

①Landau L. D., Lifshitz E. M., *Statistical Physics*, *Part I* (Pergamon：Oxford University Press, 1980）, PP.137-138.

发中望而却步。既然不稳定，又何必花工夫去寻觅呢。

如今看来，朗道并没有完全说错，为了获得热力学稳定态，二维晶体会自然地发生卷曲，容易形成管状或球状的结构。在石墨烯的研发过程中，人们也观察到类似的现象，石墨层越薄，就越难以维持平面结构，容易卷曲成柱状或球状。碳原子的六边形晶格卷曲成的柱状结构，被称为"碳纳米管"；如果形成球状，则叫作"富勒烯"。这两种结构的材料都在发现石墨烯之前就被发现了。

尽管朗道预言二维晶格难以独立存在，但总是有人尝试制造出二维材料来。即使它们不稳定，也可以想办法探索研究一下其中有些什么新的物理特性吧。况且，就如今制取的石墨烯单层原子二维晶体而言，都是附于某种"衬底"之上的，并不需要完全单独地飘浮于空中。

石墨烯之父的随机漫步

既然石墨就是由石墨烯重叠起来的"扑克牌"，那就意味着石墨烯本来就存在于自然界中，存在于石墨矿石中，也就是存在于人们经常使用的铅笔芯中。但是，要想从这一堆扑克牌中抽出一张来，却是异常困难，即使只抽出一小叠，也不是那么容易的。那么，如何从三维的石墨中一层层剥离而得到二维的石墨烯呢？科学家们经历了不少困难和波折，还有许多有趣的故事穿插其中，令人既扼腕叹息，又不禁捧腹大笑。

20 世纪 90 年代初，人们开始对零维的碳纳米球和一维的碳纳米管有所研究，但尚未涉足二维的碳结构。大家都知道二维碳结构存在于石墨中。石墨资源在地球上是如此的丰富和普通，而人类的高科技已经到了能够清楚地看到原子，某些条件下还可以操纵一个个原子。在电子显微镜下观察铅笔芯，人类甚至可以清楚地看到层状或卷曲的局部二维结构！难道我们就不能找出一个办法，从石墨中分离出一些碳原子的薄片层，甚至于单层的石墨烯吗？

1990年，一位德国物理学家采取用石墨在另一种物质表面刮擦的方法，制造出薄到透明的石墨片，他将这种方法取名为"微机械劈离法"。不过，虽然已经"薄到透明"，但是还远不是单层原子。

接着，美国哥伦比亚大学物理系的一位韩裔教授菲利普·金对单层碳原子二维晶体颇感兴趣，试图运用类似微机械劈离法分离出石墨薄层来。2002年，菲利普·金指导他的一位中国博士研究生开始研究这项课题。这位中国学生试图用类似铅笔写字的方法来得到石墨烯，他花了2年的时间，研究制造出一种极小而又便于控制的"纳米铅笔"，并用它得到了30层左右的碳原子薄层。菲利普·金还发现了这种薄层的一些不同寻常的性质。

正当菲利普·金等人为他们的"30层碳原子"研究结果而兴奋时，突然从欧洲杀出一匹黑马：英国曼彻斯特大学物理学家安德烈·海姆和康斯坦丁·诺沃肖洛夫的文章发表在《科学》杂志上①，宣布他们的研究团队已经成功地做出了单层石墨烯！

这又是怎么回事呢？原来曼彻斯特大学研究小组从2000年就开始想办法从石墨中分离出石墨烯。小组的领导人是如今被人们誉为"石墨烯之父"的海姆教授。这位教授可不是一位等闲之辈，他是一个与众不同的物理学家。在讲述他如何用胶带粘出诺贝尔奖的故事之前，先慢慢给大家讲述他的另外几个科研成果的故事，绝对会颠覆大家头脑中过去对物理学家的刻板印象。

安德烈·海姆（1958— ）的父母为德国人，但他于1958年

---

① Novoselov K. S., Geim A. K., Morozov S. V, et al., "Electric field effectin atomically thin carbon films," *Science*, 306（2004）: 666–669.

出生于俄罗斯的索契。那是黑海边上的一座小城，海姆的父母都是那儿的工程师。之后，海姆到莫斯科物理技术学院接受高等教育，后来在俄罗斯科学院固体物理学研究院获得博士学位，毕业在校工作 3 年后到英国、丹麦、荷兰等地继续他的研究工作。海姆拥有荷兰国籍，现受聘于英国曼彻斯特大学。

之后，海姆因"在二维石墨烯材料的开创性实验"，与他的学生诺沃肖洛夫共同获得了 2010 年诺贝尔物理学奖。

针对自己复杂多彩漫游世界的科研生涯，海姆做了一次精彩的演讲，取名为"随机漫步到石墨烯"（见图 1-2-1）。海姆演讲中所迸发的科学精神和创新思维，令人耳目一新、脑洞大开。他风趣幽默的语言和实例，则赢得笑声不断、掌声一片。

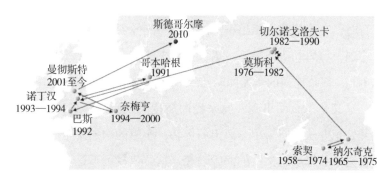

图 1-2-1　石墨烯之父海姆的"科研漫步"

海姆的"随机漫步"，指的不仅仅是图 1-2-1 所示的地理位置上不断变化的"漫步"，更深一层的意思说的是他的各类科研实验课题，在横向思维指导下的、复杂而有趣的"漫步"。海姆的科研"漫步"路，证实了横向思维的重要性。

海姆是物理学家，但他的第一个著名的研究工作却与青蛙有关，他和因提出几何相而出名的物理学家迈克尔·贝里一起研究"磁悬浮青蛙"而获得 2000 年的搞笑诺贝尔物理学奖[①]。

大多数人知道诺贝尔奖，却不见得知道搞笑诺贝尔奖；很多人都听过磁悬浮列车，但却不见得听过"磁悬浮青蛙"。我们这位海姆，正是以他对"磁悬浮青蛙"的研究，获得了 2000 年的搞笑诺贝尔奖。

搞笑诺贝尔奖以怪诞却充满科学意义的研究而出名。其实，它不仅仅是一种戏谑和调侃，更多是体现了学术界的一种幽默，据说其宗旨是"首先让你们笑，然后再让你们思考"。搞笑诺贝尔奖的得奖者中不乏具有创意之人，比如海姆就可以算作一个。

海姆教授是至今所有的诺贝尔奖得主中，第一位、也是唯一同时获得过搞笑诺贝尔奖和诺贝尔奖的双料获奖者。那么，这"磁悬浮青蛙"又是怎么回事呢？

011

---

① Berry M. V，Geim A. K，"Of flying frogs and levitrons，" *European Journal of Physics* 18，No 4（1997）：307–313.

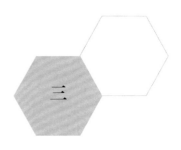

三

飞翔的青蛙和壁虎胶带

20 世纪 90 年代,海姆从俄罗斯获得博士学位之后,曾经在荷兰奈梅亨大学做副教授。当时,他所在的实验室最主要的设备优势是拥有强大的电磁铁。这些设备能产生约 20 T 的磁场,但遗憾的是,海姆当时的研究课题仅仅需要小于 0.01 T 的微弱磁场。不过,这正好激励了海姆的横向思维。他总想弄出一项课题,能够利用到如此强大的电磁场。

这个灵感被当时流传的"磁化水"现象所启发,但不是市面上那种招摇撞骗的瓶装磁化水,而是据说在水龙头上放置一个永久磁铁可以防止水垢之事。听起来还是有点道理的。水不是铁磁性物质,但是像水这样的介质一般都具有所谓"逆磁性"。也就是说,在一般情况下,逆磁性物质中原子的电子磁矩互相抵消,无磁性,但当受到外加磁场作用时,电子轨道运动会发生变化,使得在与外加磁场相反的方向产生磁矩。不过,这种逆磁效应异常微弱,不到铁的磁性的十亿分之一。水龙头上放置的永久磁铁的磁场也是很小的,对水垢能起多大的作用就难说了。

望着实验室里那台能产生强磁场的设备,海姆灵感突发:尽管水的磁化率很小,但是在这个强大的磁场下,水有可能被磁化。那么,它磁化后的行为会如何呢?好奇心驱使海姆做了一个异乎寻常、离经叛道的操作。在某个星期五的晚上,他傻傻地、慢慢地将一点点水倒进了正在产生巨大磁场的仪器里……

结果让人吃惊,水并没有从强磁铁中流出来,而是聚集成了一个直径大约 5 cm 的水球,自由地悬浮在磁铁中心(见图 1-3-1):重力消失了,就像物体飘浮在太空中一样!水这么微弱的逆磁效应,负磁化率一般为 10^{-5},却居然可以抵抗重力。海姆兴奋了,像一个顽皮的孩子一样,乐此不疲地继续往磁场里"扔"东西:草莓、番茄、昆虫……甚至还有青蛙!

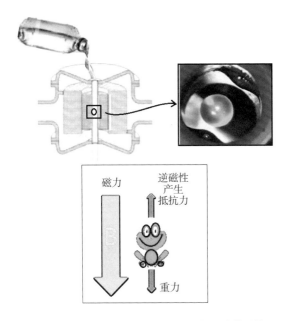

图 1-3-1 强磁场中悬浮着的水滴及其逆磁性原理

正是这只能抵抗重力而悬浮于磁场中的"飞翔的青蛙",让海姆和另一位著名理论物理学家贝里(1941—)获得了2000年的搞笑诺贝尔物理学奖。当初,搞笑诺贝尔奖的颁奖方询问海姆和贝里的意见:是否有胆量接受这个奖,他们爽快地答应了,充分体现了两位物理学家的幽默感和自嘲的勇气。

尽管此项研究被授予的是搞笑诺贝尔奖,但是实验结果却饱含深意,它将逆磁性直观地展示于人。它提醒人们:非磁性物质、生物体及人的磁性并非可以忽略,在一定的条件下,也可以大到足以抵抗重力。它也使人们认识到,在实验室中足够大的强磁场环境下,也有可能进行某些类似太空条件下的生物实验。

对海姆而言,这项研究使他受益匪浅,一度知名度大增,当年的媒体对此争相报道。据说直到现在,不少年轻学生跟海姆打招呼时说的还是:"教授,我早就认识你!不过不是因为石墨烯,而是因为'磁悬浮青蛙'。"

从这个让青蛙飞起来的有趣实验,海姆认识到横向思考对科研的重要性,特别是在帮助年轻学生选择课题时,激发他们对趣味性的追求,让他们寓科研于娱乐,是十分重要的。有时候,尝试做一些看起来和自己专业八竿子打不着的研究,有可能会产生非常重要而有趣的结果。从那以后,海姆开始做一些不合常规的实验尝试,并且称它们为"星期五晚上的实验"。

海姆和他的团队进行的此类尝试也经常以失败而告终,但让人惊奇的是,成功的概率也不小,比如说他的第二个实验"壁虎胶带"。

壁虎是常见的爬行动物,具有超强的攀爬能力,它们能够爬上任何物体表面，甚至玻璃、天花板。这种超强黏附能力的谜底是由于壁虎脚趾上覆盖着一种非常微细的绒毛。每根绒毛和物体表面能产生极其微弱的范德瓦耳斯力，虽然这种力很微小，但是数不清的这种绒毛联合起来的范德瓦尔斯力就不可小觑了。这些是生物学家们研究的结果，海姆偶然看到了他们的文章，脑中灵光一现：为什么不根据这个原理，开发一种人造黏附材料呢？

说干就干，海姆和朋友们果真设计出了这种材料，取名为"壁虎胶带"。尽管这种人造材料多次使用后的黏附性能暂时还不如壁虎的脚趾那么强，但是类似的思想方法，却大大激起了物理学家和材料学家研究仿生材料的兴趣。

海姆还有另一件令人匪夷所思之事：2001 年，他与名为"H.A.M.S，ter Tisha"的作者共同撰写了一篇论文。你能想象海姆这位文章合作者的尊容吗？原来这竟是他的宠物——一只仓鼠（见图 1-3-2）。

physicm B 294–295（2001）736–739

www.elsevier.com/locate/physb

Detection of earth rotation with a diamagnetically levitating gyroscope

A.K.Geim*，H.A.M.S.ter Tisha

官方名：矮仓鼠
昵称：Tisha
贡献：悬浮物

图 1-3-2　海姆与仓鼠合作论文的版面 [1]

① A. K. Geim, "H.A.M.S.ter Tisha," *Physica B*（2001）：294–295.

仓鼠为什么能成为海姆的合作者呢？原来这篇文章是"磁悬浮青蛙"实验的一个应用。海姆利用物体的抗磁性进行"反磁悬浮陀螺仪"实验来检测地球自转。他认为在他的实验过程中，他的仓鼠功不可没，作为实验中重要的悬浮物，这只仓鼠有资格成为论文的合作者。

四

胶带粘出诺贝尔奖

由上一节的两个研究实例，诸位已经大致明白了海姆的科研风格，他是一个从科研中寻找乐趣的人。现在，我们再回到他发现石墨烯的过程中来。

当海姆在脑海中想象碳原子的二维晶体材料时，他招收了一位来自中国的博士研究生。新人乍到，正好需要熟悉实验室的环境，提高英语水平，磨炼实验技巧。于是，海姆分配这位学生用高级的抛光机来打磨石墨样品，这种抛光机可以将样品磨到零点几微米的平整度。

当然，海姆并不是莫名其妙地给学生这个"磨石墨棒"的工作，这个想法来自他脑子里琢磨了数月的众多问题中的几个问题。2010年，海姆在他的诺贝尔物理学奖获奖报告中将这几个问题总结成当年思想中的"三朵小云"。

第一朵"小云"是关于金属导电。人人都知道金属的导电性能好，半导体的导电性能只是介于绝缘体和金属之间。但是，为什么半导体被广泛使用作为制造集成电路和器件的材料，而金属就不行呢？专家们会告诉你，因为半导体材料的导电性能会随着添加不同的杂质而改变，形成 N 型半导体和 P 型半导体，进一步构成 PN 结，再应用到各类晶体管。这的确是现代半导体电子器件工作的理论基础，但是，这种从历史发展到既成事实，是否是达到现代科技文明的唯一道路呢？那就未必见得了。比如金属表面的导电性能可以在不同条件下被改变，这种变化极其微小，但是否有可能被利用？特别是，如果将金属或半金属制成薄膜，是否可以利用其电场效应？

第二朵"小云"是关于 20 世纪 90 年代热门研究的碳纳米管。海姆被这个领域展示的种种极为漂亮的研究成果所吸引，曾经想进入这个研究领域。但是，他感觉最美好的时机已过，不想再去凑热闹，跟在庞大的碳纳米管研究大军背后拾人牙慧。

这两朵停留在海姆脑子里的"小云"，因第三朵"小云"的出现而诱发出耀眼的思想火花。那是海姆读了一篇关于在石墨的层与层之间插入其他物质的文章后受到的启发。文中提到，尽管石墨是我们人类的老朋友，并且科学家对石墨研究了多年，但是依然知之甚少。将这朵"小云"与前面两朵联系起来：石墨、薄膜、碳纳米管的优良特性……海姆感到石墨非常值得深入研究。

于是，海姆从这三朵"小云"出发构思了一项课题，首先让那位新来的中国博士研究生尝试尝试。

话说那位中国学生磨了整整 3 个星期，磨出了一片 10 μm 厚、大约相当于 1000 个碳原子厚度的薄片。显然，这个结果距离单原子层还"路漫漫其修远兮"。

这项课题遇到了挫折，是否应该放弃呢？研究项目很多，科研的道路也不止一条，正当海姆等人如此想之时，没料到一件不相干的事改变了他们的想法。

在海姆实验室的隔壁，有一位来自乌克兰的高级研究员 Oleg Shklyarevskii，他是扫描隧道显微镜（Scanning Tunneling Microscope，STM）方面的专家。一次，海姆与他谈及自己的石墨抛光工作，开玩笑似的说，这就像是要将"铁杵磨成针"啊！没想到这位显微镜专家听了之后，眼珠转了转，跑到自己实验室的垃圾桶里翻了半天，找出几条粘着石墨片的胶带交给了海姆。Oleg 对海姆解释说，石墨是他们检查 STM 时常用的基准样品。实验前，放到镜头下的石墨样品需要进行表面清洗，STM 技术员们采取的办法简便而快捷，据说是这个行业的人通常使用的标准方法。"用透明胶带把石墨的最表层粘掉，不就清洁了吗？"Oleg 说，"不过从来没有人仔细观察过扔掉的胶带上有些什么东西，拿去看看吧，也许对你们有用哦！"于是，海姆把这些胶带放在显微镜视野下仔细观察，发现有一些碎片远比他们用抛光机磨出来的要薄得多，这时候海姆方才恍然大悟，意识到自己建议学生用抛光机来磨石墨是多么愚蠢的事。对了，用胶带！为什么不使用胶带呢？

遗憾的是，Oleg 当时忙于自己的实验，没有参与海姆的"胶带剥离法"工作，倒是康斯坦丁·诺沃肖洛夫参与了进来。诺沃肖洛夫当时还是个不到 30 岁的年轻小伙儿，是海姆在荷兰奈梅亨大学做副教授时的学生，他和海姆一拍即合，原因之一是共同的俄罗斯背景，诺沃肖洛夫也是在俄罗斯莫斯科物理技术学院接受了高等教育。可贵的是，诺沃肖洛夫学过工程，实验技能极佳，并且对"星期五晚上的实验"颇感兴趣，早就参与海姆的"壁虎胶带"研究了。

于是，海姆和诺沃肖洛夫便开始用透明胶带来对付石墨，粘贴，撕开，又粘贴，又撕开，反复实验多次之后，终于得到很薄的石墨片。然后，诺沃肖洛夫又想办法用镊子把剥离下来的石墨片从胶带移放到氧化硅晶圆的基板上，这样才能通过给硅加电压来进行相应的测量。测量结果显示其中有一些石墨片只有几纳米厚，两人兴奋不已。就这样，第一种二维晶体材料——石墨烯正式出场了。果然应了中国那句俗话："踏破铁鞋无觅处，得来全不费功夫。"

2004 年 10 月，美国《科学》杂志发表了海姆和诺沃肖洛夫的研究成果；2010 年，两位学者因此成果而荣获诺贝尔物理学奖。

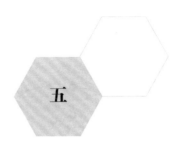

兴旺的碳原子家族

石墨烯是单层的碳原子。碳是我们十分熟悉的名字：二氧化碳、一氧化碳……碳原子无处不在，它在宇宙中的丰度仅次于氢、氦和氧，在地球表面存在极为广泛，是构成有机体的主要元素。地球上的碳循环与生命演化发展过程息息相关。

除碳的各种化合物外，碳有多种同素异形体，即各种不同的分子结构，形成一个碳单质的大家族（见图 1-5-1）。其中，到 2017 年底，石墨烯仍可算是碳大家族中最年轻的成员。

碳的各种同素异形体虽然都由碳原子构成，但是它们的物理性质却截然不同，差别极大。以最老的成员金刚石（也就是人们所说的"钻石"，见图 1-5-1a）及石墨（见图 1-5-1d）为例，它们的许多物理性质分别位于两个极端，如石墨性软，钻石却是最硬的矿石；石墨是良导体，钻石是绝缘体；石墨乌黑不透明，钻石晶莹剔透闪亮；石墨极为普通，随处可见，钻石却是价格昂贵的珠宝。

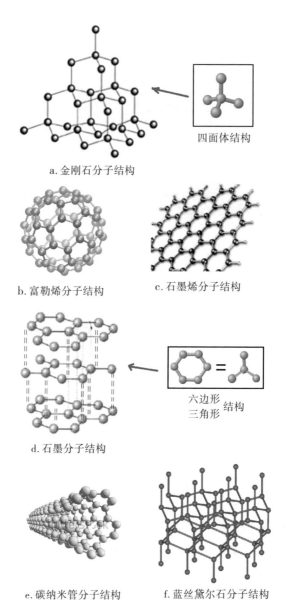

四面体结构

a. 金刚石分子结构

b. 富勒烯分子结构

c. 石墨烯分子结构

六边形 结构
三角形

d. 石墨分子结构

e. 碳纳米管分子结构

f. 蓝丝黛尔石分子结构

图 1-5-1　碳的同素异形体分子结构

石墨和金刚石物理性质的巨大差异，来自其碳原子排列方式的不同。如之前所介绍的，石墨由二维晶格薄片像扑克牌一样重叠起来构成；金刚石中的所有碳原子，却是全部互相牵手构成牢固的三维晶体结构。

金刚石极为稀少，它们最早的确切发现年代已经难以考证，在印度和中国，在公元前都有类似佩戴钻石及利用它超强的硬度切割物体的记载。不过学界公认，1871 年在南非发现了第一个金刚石的原生矿；1905 年在南非普列米金伯利岩洞发现了一颗重 3106 克拉的钻石，是当今世界上最大的宝石级金刚石。

1779 年和 1794 年，科学家们最终分别确定了石墨和金刚石的成分和结构。柔软黳黑的石墨和坚硬闪亮的金刚石，都是由碳原子构成的。在不同的条件下，碳原子以不同的排列方式，构成了不同的物质。在较高的温度和压力下，碳原子结晶构成六边形二维结构，再重叠起来，形成石墨；而在极高的温度和压力下，碳原子排列成四面体三维晶体结构，便是金刚石。

大多数人认为，天然的金刚石是由于地底深处的高温及高压形成的，然后被火山爆发之类的地壳运动从地底深处带到地表。这种形成方式使得天然的金刚石罕见而昂贵。因此，历代的王公贵族们喜爱钻石，将其作为身份及富贵的标志，而商人们则为了抢夺天然钻石拼得你死我活。如今，科学家们已经知道了金刚石的结构是怎么一回事，其结构看起来似乎简单而美妙，这便触发了人们对人造金刚石的渴望。许多人就考虑在实验室中人工制造高温高压的条件，从而合成人造金刚石。但是，合成人造金刚石的想法真正实施起来却异常困难。最后，通用电气公司于 1955

年宣布取得了第一次成功，从而为金刚石的应用开辟了一个前景广大的市场。然而，这其中不能不提到其真正的幕后功臣——美国人霍华德·霍尔。

为了合成人造金刚石，必须在实验室里制造高温高压的缺氧环境，通用电气公司曾为此打算购买一台价值 12.5 万美元的大型压力机。当年的霍尔只是公司的一名小职员，却提出了一个只需要 1000 美元左右就可能奏效的方案，然而，霍尔的方案被公司管理层当作异想天开的笑话而否定。不过，霍尔坚持不懈，用一台老旧的压力泵摸索了好几年，不断改进到能产生高于 10GPa 的压强和高于 2000℃的温度，终于在 1954 年 12 月 16 日成功地合成了人造金刚石。

据说当年的通用电气公司对这件事的表现显得很不光彩，他们对外宣布自己创造了第一颗人造金刚石，并且暗示实验的成功是来自该公司投下的巨额成本，而对霍尔的努力及那台破旧的设备都尽量回避、闭口不谈。更为可笑的是，作为公司内部的"奖励"，霍尔只是得到了一张标着 10 美元的储蓄保证金！

如此不公平的待遇导致霍尔立刻跳槽，决心找别的门路继续研究人造金刚石。不过，霍尔已经无法再使用老方法了，因为他最初用以制造金刚石而改进使用的那台压力机，已经被通用电气公司申请专利，不能仿造。这些困难都没能难倒天才霍尔，他另辟蹊径，完美地绕过了在通用电气公司时所使用的方法，创造了另一套更好用的制造工艺。接着，他在众多期刊上发表了他的研究成果，随后还成立了一家非常成功的钻石公司 Mega Diamond。天才发明家这种不屈不挠的奋斗精神，值得我们学习和借鉴。

除了石墨和金刚石，碳的同素异形体还包括活性炭、炭黑、煤炭和碳纤维等非晶体形式，不过，本书只对晶体结构的碳材料（见图 1–5–1）感兴趣。

碳的各种同素异形体物理性质不同的原因，是因为碳原子排列而成的微观结构不同，晶体排列不同导致了碳原子外层电子轨道之间不同的杂化方式。"轨道杂化"的概念，是量子理论在化学键理论中的应用，下一讲中会专门介绍量子力学，在以下的叙述中，读者可首先从经典化学键的角度来对应理解轨道杂化。

经典的原子轨道（orbit）是描述电子在分子或晶体中行为的一个模型——电子像行星一样绕着原子核运行。但在物理学家们建立了量子力学之后，电子便不能被视为形状固定的固体粒子了，所谓的"原子轨道"（orbital），即从量子力学方程解出的波函数，也完全不同于经典意义下的轨道线，而是弥漫于整个空间的复杂函数。不过，在公认的玻尔半经典原子模型（以下简称"玻尔模型"）中，仍然采用"原子轨道"的说法，实际上是因为这两个词（orbit 和 orbital）的中文翻译均为"轨道"，但 orbital 表示的轨道，是用波函数代表的电子出现的"概率波"来描述的，也就是说，用与大气层类似的"电子云"概念，代替了经典的线状轨道。

根据玻尔模型，当原子中电子数目多于 1 个时，波函数互相叠加，电子云的实际形状，并不容易分解成个别轨道的理想图像来描述。但是，从数学运算的角度来看，复杂的电子波函数仍然可以被简化为较简单的原子轨道函数之组合。所以，在某种意义上，原子电子云仍然可以想象成是不同形状的原子轨道叠加而"构成"的，每个轨道内包含 1 个或 2 个电子。这也就是为什么量子力学中的原子模型，仍然经常使用直观的经典轨道图像来解释的原因。

换言之，玻尔模型的原子轨道，大大不同于行星的椭圆线条状轨道，而是一系列的波函数，由 3 个变数（量子数 n，l，m）所组成，可以直观地想象成图 1-5-2 所示的电子云。

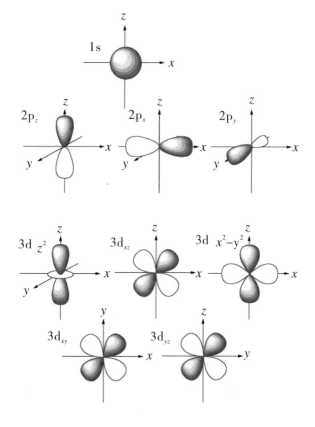

图 1-5-2　直观描述 s 轨道、p 轨道、d 轨道的电子云

量子数 n 描述能量简并的轨道，根据不同的能量值，在图 1-5-2 中第一个数字用 1，2，3……表示。然后，根据角量子数 l 的不同，被分为 s 轨道、p 轨道、d 轨道。这种分类赋予轨道电子云某种直观形象的描述为：s 轨道是球对称的，p 轨道是轴对称的，d 轨道则朝 4 个方向延伸（见图 1-5-2）。

碳原子核外有 6 个电子，最外层有 4 个价电子，晶体中 2 个或多个原子共同使用它们的外层电子，在理想情况下形成共价键，达到电子饱和的状态而组成稳定的结构，碳原子外层 4 个电子包括 1 个 2s 轨道和 3 个 2p 轨道。但是，一般而言，碳原子构成的晶体中，原子的共价键显然不是用这 1 个 2s 轨道和 3 个 2p 轨道形成的，这 4 个轨道重新组合产生了 4 个新轨道，这个过程称为"杂化"，即轨道混杂起来重新分配，新轨道叫作"杂化轨道"。不同的杂化方式产生不同的杂化轨道。

简单而言，杂化方式代表了原子附近电子轨道形成的电子云的形状，用以描述原子间共价键的链接方式。

碳原子之间有三种不同的杂化方式（sp，sp^2，sp^3），可以构成具有不同物理和化学性质的晶体结构。碳是四价元素，每个碳原子最外层都有 4 个价电子，在金刚石的晶体结构中，每个碳原子的 4 个价电子都参与了共价键的形成，形成如图 1-5-1a 所示的四面体结构，这种结构对应于 sp^3 杂化轨道。其中的所有电子都形成共价键，没有自由电子，所以金刚石不导电。每个原子都与其他 4 个碳原子紧密结合在一起，不易分开，所以钻石硬度很大。

石墨的情况不一样，在层状结构中，每一个碳原子和其他 3

个碳原子构成 3 个共价键，形成平面六边形（或三角形）的平铺结构（见图 1-5-1d），对应于 sp^2 杂化轨道。因此，石墨层中的每一个碳原子还剩下 1 个电子，它们游离在层与层之间，被上下两层的原子共享，共同形成遍布整个层面的 π 电子云，成为可以流动的自由电子，使得石墨具有优良的导电性和热传导性。从化学的角度看石墨，相当于每层间有很弱的范德瓦耳斯力，层与层之间能轻易地平行滑动，因此石墨性质柔软，既可用作铅笔芯写在纸上，也可用作润滑剂。

碳的其他一些同素异形体结构，如碳纳米管、石墨烯、富勒烯等，基本上以与石墨层中类似的平面正六边形结构为主，有时也混杂了一些五边形和七边形。如果忽略很小的纳米尺度，从几何维数来分类，可以将碳纳米管看成是一维结构（见图 1-5-1e），因为它们在半径方向上的尺度很小，为纳米的数量级，几万根碳纳米管在一起只不过一根头发丝的粗细，而在长度方向则大得多，可达数十到数百微米。石墨烯是二维结构，平面中每个碳原子和其他 3 个碳原子构成很强的共价键（见图 1-5-1c），所以石墨烯既是强度最大，又是最薄的二维材料。理论估计，在大约同样的厚度下，石墨烯的强度可达钢铁的 200 倍。

富勒烯则可以算是点状的零维结构，它们呈现多种形态，但均为半径是纳米尺度的近似球形，实际上，很多是各种多面体形（见图 1-5-3）。最典型的富勒烯是拥有 60 个碳原子的巴基球（见图 1-5-1b），其结构与一个现代足球类似。

图 1-5-1f 所示的，是碳的另一种同素异形体，它有一个美妙的名字——蓝丝黛尔石，一种六方晶系的金刚石。最早发现的

图 1-5-3　富勒烯结构

大自然中的蓝丝黛尔石是"天外来客"，隐藏于陨石之中，科学家们认为是流星上的石墨在坠入地球时因遭受巨大的压力及高温而形成。它的晶体结构与金刚石有所不同，是一种六方晶格。陨石中的蓝丝黛尔石强度稍逊于金刚石，但目前人工合成得到的蓝丝黛尔石的强度，比金刚石的要高出 58% 左右。因为天然形成的蓝丝黛尔石，结构并非完美无缺，成分也不是那么纯净。

　　碳的同素异形体家族的每个成员都有其独特之处，其中尤以石墨烯系列近几年异军突起而引人注目。特别是，石墨烯具有非常优良的电子传递性能，被人称为"新材料之王"，有人预言它有可能在电子工业中发挥颠覆性的作用，甚至可能挽救即将失效的摩尔定律，使以半导体产业为基础的通信业再现辉煌。就微观结构而言，石墨烯之六边形是构成富勒烯、碳纳米管、石墨结构的基础单元。了解石墨烯的电子传递性能，有助于理解类似结构的物理性质。因此，下面我们将更为深入地介绍石墨烯电子特性的物理基础。

　　表面上看，石墨烯的发现似乎是胶带反复粘贴的结果，但事实上，石墨烯这种纳米级别的新材料，有近乎完美的原子结构，有高速运动的共有电子，有经典实验中见不到的量子隧道效应，有自旋和轨道耦合而产生的奇特现象。石墨烯的许多奇特性质难以用经典物理学原理解释，因此，我们将在下一讲中介绍一点量子力学知识，然后再从量子理论的基础知识及固体中的能带理论讲起。

第二讲

量子世界

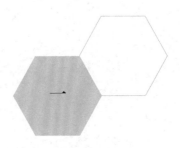

拨开迷雾求本质

　　1900年，德国物理学家普朗克为解决黑体辐射问题而提出量子理论，至今已有100多年的历史。如何诠释量子力学？一方面，专家们至今仍然争论不断。对公众而言，量子理论更是曲径幽幽、迷雾重重。但是，另一方面，量子力学可谓成功理论的典范，它在半导体技术、材料科学、化学、生物学等领域应用广泛。可以毫不夸张地说，没有量子理论，就没有科技如此发达的现代社会。量子力学已经渗入现代材料学的方方面面，对石墨烯物理而言，也只有使用量子理论，才能正确地理解神奇的石墨烯。反之，对石墨烯结构和性质的深入研究，又能帮助我们拨开环绕在量子理论周围的层层迷雾，揭示事物的本质。

　　读者可能会说，石墨烯不是用胶带粘贴而分离出来的吗？它的开发与量子力学有关系吗？答案是：关系太大了。我们在第一讲"一、何为石墨烯"中曾经介绍过物理学家朗道有关二维晶体的说法，他认为二维晶体不稳定，可能无法独立存在。朗道的结论便是从他研究量子力学在晶体中的应用而得出来的。如今，我们已经制造出了二维晶体石墨烯，而要解释它在一定的条件下可以独立存在的原理，以便正确地理解这种材料神奇的物理性质，也都需要用到量子理论。本讲的目的，便是让读者在了解量子理论基本概念的同时，解开对量子理论的种种疑惑。

量子理论是对微观尺度（诸如原子、电子）适用的一套物理法则，石墨烯是单层原子构成的薄膜，厚度约为 0.335 nm，只有头发直径的二十万分之一，在如此小的尺度下，物理量遵循量子规律。因此，其中原子及电子的相互作用和运动状态，只有用量子理论才能准确地描述。

在原子尺度下，宏观经典力学的那一套已经失效了。因此，量子现象与我们日常生活中用牛顿经典理论能解释的现象大不相同。实际上，科学最初来源于人类感官对世界上发生的现象的认识，这些现象及人类本身都是宏观的，物理学家也正是在此基础上，建立了牛顿经典力学及经典电磁理论。然而，量子力学所描述的微观世界，可以说完全丧失了人类感官的直接观测性。比如，你能感觉到电流，但无法"直接"感知一个电子或质子；你能用眼睛看到各种颜色的光，但看不到一个一个的光子。再比如，石墨烯结构是不能直接用肉眼看清楚的。至于夸克等更深层次的概念，与我们感官的关系就更远了。也就是说，微观世界之小，使得人类已经不可能直观体验，只能用某些实验方法间接地测量，用抽象的数学手段想象似的加以描绘。

也正因为微观世界难以用肉眼观察，所以一提到量子理论，许多读者脑海中出现的可能只是许多科普书中介绍的种种不可思议、违背常理的奇异现象，诸如"薛定谔的猫"等，甚至还有被伪科普误导而形成的许多错误概念。

总结起来，围绕量子理论的重重迷雾，主要来源有三层：一是物理层次的，来源于微观与宏观物理现象本质的不同；二是诠释方面的，来自不同的物理学派，例如本书中有时使用的哥本哈根诠释；三是公众层次的，来自各种量子科普文章和"名人"演讲的误导，以及公众对量子现象自发的想象和误解。综上所述，尽管围绕量子理论有三层迷雾，但是只有物理层次的迷雾是本质的、不能回避的，其他两层迷雾多少包括人为和主观的成分，本书对后两层迷雾尽量避而不谈。

量子物理的规律为什么与经典规律不同，其根源很简单，因为从宏观过渡到微观时，描述微观粒子运动状态的某些物理量需要被"量子化"。

这里的"量子化"一词，不同于物理学量子场论中使用的"二次量子化"那个深奥的专业名词。我们所谓的"量子化"，指的是从经典过渡到量子时，某些物理量将从连续变为离散。换言之，"量子"一词，表征着某种不连续性，有时候某些物理量只能采取分离的数值。这点不难理解。比如说，从人类的宏观尺度看起来，泥沙构成的一段斜坡是平滑的，但对尺寸微小的蚂蚁而言，却像是一阶一阶的楼梯。当然，量子化的意义远非上述比喻那么简单，但可帮助初学者理解。也就是说，在经典物理学中，物理量变化的最小值似乎没有限制，它们可以任意连续地变化，理论上要多小就能有多小。但在量子力学中，因为处理的对象是微观世界，所以物理对象所在的空间位置及其他的物理量，一般只能以确定的大小一份一份地进行变化。

"能量量子化"的概念由普朗克在 1900 年第一次提出。[①] 这并非出于他莫名其妙的臆想，而是为了解决一个实验与经典理论不符合的"黑体辐射"难题。

黑体辐射的名字，听起来有点玄乎，它是一个理想化的热力学物理术语。这里的"黑体"并不一定就是"黑色"的，指的是只吸收不反射的理想物体，不反射、不折射但仍然有辐射。比如说一根黑黢黢的拨火棍，其实并不总是黑色，当它被放进炼铁炉中后，它的颜色便会随着温度的变化而变化：首先，温度逐渐升高后，它会变成暗红色，然后是更明亮的红色，再变成亮眼的金黄色，最后，还可能呈现出蓝白色。为什么会出现不同的颜色呢？这说明在不同的温度下，拨火棍辐射出不同波长的光，这就是黑体辐射。

但在普朗克的时代，描述黑体辐射的经典理论碰到了困难，与实验结果相差甚远。普朗克解决了这个问题，得到与实验相符的结果。他采取了一种巧妙而新颖的思想方法，就是假设黑体辐射时，能量不是连续的，而是一份一份地发射出来，也就是说，引入了"粒子能量量子化"的概念。普朗克为了限制辐射能量的最小值，假设了一个普朗克常数 h。100 多年来，这个常数的出现成为量子理论适用范围的标志。1905 年，爱因斯坦（1879—1955 年）进一步提出"光量子"的概念，成功地解释了另一个

① M. Planck，Verhandl "On the theory of the Energy Distribution Law of the Normal Spectrum，" *Verh. D.Phys.Ges*.2，202（1990）：237.

经典理论解释不了的物理现象——光电效应[1]。

1912 年，尼尔斯·玻尔（1885—1962 年）用量子的概念建立了新的原子模型[2]，认为原子只能够稳定地存在于一系列离散的能量状态之中，称为"分离定态"，原子中任何能量的改变，只能在两个定态之间以跃迁的方式进行，所以原子中的电子只能处在一系列分立的定态上。

黑体辐射、光电效应及玻尔原子模型，这些与实验密切相关的工作，使得"量子"这个名词，伴随着普朗克常数 h，横空出世，闪亮登场。

[1] A. Einstein，"Concerning an Heuristic Point of View Toward the Emission and Transformation of Light，" *Annalen der Physik* 17（1905）：132–148，accessed July 24，2019，http://einsteinpapers. press.princeton.edu/vol2-trans/100.

[2] Niels Bohr，"On the Constitution of Atoms and Molecules，" *Philosophical Magazine* 26（1913）：1–25.

既是粒子又是波

经典物理中，粒子和波是两种完全不同的物理现象，但在量子理论中，波粒二象性是所有微观粒子的基本属性，无论是原子、电子还是光，都既是粒子又是波。

基本物理常数在理论中往往扮演着重要的角色，量子力学中的普朗克常数 h 就是这样的一个角色。普朗克用它来量子化电磁波能量。经典意义下被认为是连续的电磁波，在微观世界中，能量却是一份一份的，电磁波能量子（或光量子）的最小单元是 $h\nu$，即频率 ν 乘以普朗克常数 h。

光量子概念，已经隐含着光既是粒子又是波的二象性。因为在经典物理中，光和电磁现象只是波，而量子物理认为这些波动包含的能量是量子化的，有一个与普朗克常数相关的最小值。一份一份的能量，也就隐含地意味着一个一个的"粒子"。因此，光和电磁波均应被看成粒子。其后，波尔的原子模型，又将光量子的发射与原子模型中的电子运动联系在一起。

1924 年，原来主修历史的法国贵族后裔德布罗意（1892—

1987 年）发现物理学才是自己的兴趣所在，从而转向研究量子力学。他不鸣则已，一鸣则惊人。德布罗意写出了一篇令人惊叹的博士论文，让量子力学迈出了戏剧性的一步。（注：德布罗意是我们的博士导师西西尔·德威特的老师）德布罗意将爱因斯坦对于光波"二象性"的研究扩展到电子等实物粒子，提出了物质波的概念，将任何非零质量的粒子（以后本文中均将此类粒子以电子作为代表）都赋予一个与粒子动量成反比的"德布罗意波长"。这个认为任何物质都具备波粒二象性的新观念，让当时他的老师朗之万也难以接受，因而将其论文寄给爱因斯坦征求意见。爱因斯坦立刻意识到这篇论文的分量，他认为德布罗意"已经掀起了面纱的一角"。大师的支持奠定了波粒二象性在物理学中的地位，也启发了另一位物理学家薛定谔（1887—1961 年）。薛定谔想，既然电子具有波动性，那么就给它建立一个波动方程吧。两年后，薛定谔方程 [1] 问世，开启了量子力学的新纪元。

1927 年，美国贝尔实验室的克林顿·戴维森和他的学生雷斯特·革末第一次在实验中发现了电子的衍射现象。几乎与此同时，英国物理学家乔治·汤姆森也在多晶薄膜实验中观察到电子束的衍射现象，证实了德布罗意波的概念。戴维森和汤姆森因而荣获 1937 年诺贝尔物理学奖。令人称羡的是，乔治·汤姆森的父亲约瑟夫·汤姆森因发现电子而获得 1906 年的诺贝尔物理学奖。这对"父子兵"对电子研究的贡献，真可谓史无前例。

此外，著名的双缝电子干涉实验也是电子波粒二象性极好的

---

[1] E. Schrodinger, "An Undulatory Theory of the Mechanics of Atoms and Molecules," *Physical Review*, 28, 6（1926）: 1049–1070.

实验验证。必须将电子当成一种波动，用满足薛定谔方程（或者是相对论条件下的狄拉克方程）的波函数来描述，才能解释双缝实验，因为只有波才会产生干涉现象。

牛顿力学中一个粒子在某个时刻的状态，用它在三维空间的位置和动量便足以描述。而在量子力学引进波函数的概念之后，即使是单个电子的状态，也涉及弥漫于整个空间的波函数。如果再扩展到更多的粒子及电磁波，复杂性的增加显而易见。因此，一般而言，量子系统的状态被称为"量子态"，对某个物理量而言，包括"本征态"和"叠加态"。波粒二象性意义深远，实质上意味着微观粒子总是处于"既是此，又是彼"的叠加态，这也就是人们通常用"薛定谔的猫"来描述的奇特量子现象，是理解量子理论的关键。

正是电子的波动性，导致了一系列经典物理中没有的、独特的量子现象。

量子穿墙术

量子理论中，即使势垒的高度大于粒子的能量，微观粒子也能够以一定的概率穿入或穿越势垒，发生"量子隧道效应"。在经典力学里，这是不可能发生的。但用量子理论中电子波函数满足的波动力学则可以解释，因为在波动力学理论中，不存在不能穿透的势垒。

隧道效应是被美籍俄裔物理学家乔治·伽莫夫（1904—1968年）最早发现的，他用隧道效应成功地解释了α衰变，是量子力学研究原子核的最早成就之一。

在经典力学中，不可能有"穿墙术"这种怪事，粒子不可能越过比它的能量更高的势垒。势垒就像挡在愚公家门口的大山，功力不够就无法逾越。好比我们骑自行车到达了一个斜坡，如果坡度小，自行车具有的动能大于坡度的势能，不用再踩脚踏就能"唰"一下过去了。但是，如果斜坡很陡的话，自行车具有的动能小于坡度的势能时，车行驶到半途就会停住，不可能越过去。

又比如，我们在一间门窗紧闭的教室里听讲座，没有人能够穿过墙壁到外面去吧。但是，让我们设想，我们和教室都变得越来越小，越来越小……我们变成了 α 粒子，教室变成了阻挡 α 粒子脱离的原子核。这时，情形就不大一样了。根据量子理论，微小世界里的 α 粒子没有固定的位置，是模糊的一团"波包"。不过，这个波包不同于我们一般所说的会扩散的物质波包，而是稳定的概率波包。因此，我们每个人本来就像云彩和雾一样弥漫于整个教室，甚至于教室外面，也有我们的淡淡身影。正像英国物理学家 R.H. 否勒在那年冬天听了伽莫夫在伦敦皇家学会做"隧道效应"演讲之后，笑道："这个房间里的任何人都有一定的机会不用开门便离开房间啊！"

这就是隧道效应，它可以用量子力学中微观粒子的波动性来解释。因为根据波动理论，电子波函数将弥漫于整个空间，粒子以一定的概率（波函数平方）出现在空间每个点，包括势垒障壁以外的点。换言之，粒子穿过势垒的概率可以用薛定谔方程解出来。也就是说，即使粒子能量小于势垒阈值的能量，一部分粒子可能被势垒反弹回去，但仍然将有一部分粒子可以以一定的概率穿越过去，就好像在势垒底部存在一条隧道一样（见图 2-3-1）。

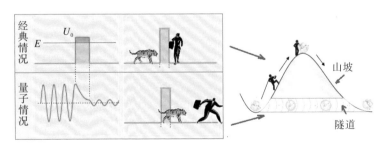

图 2-3-1　经典势垒和量子隧道

　　隧道效应不仅解释了许多物理现象，也有多项实际应用，包括电子技术中常见的隧道二极管、实验室中用于基础科学研究的扫描隧道电子显微镜等。

　　在后文中我们将会讲到，石墨烯中的载流子（包括电子和空穴）都遵循一种特殊的量子隧道效应，因此，当它们碰到杂质时不会产生背散射，而是以理论上 100% 的通过率越过势垒向前冲，这是石墨烯具有局域超强导电性及很高的载流子迁移率的原因。

四

自旋

043

微观粒子的自旋，纯粹是一个量子理论中才有的特有概念，没有经典对应物。尽管人们经常将自旋类比于经典物理中的自转（如地球），但是这种比喻只在一定程度上可用。经典概念中的自转，是物体对于其质心的旋转，与自旋的本质迥异。或者说，尽管自旋在某些方面类似于经典力学的角动量，但是总的来说自旋是微观粒子的内禀属性，对应于一个可以是整数或半整数的量子数，这个内禀特性与经典自转角动量有本质区别。

为什么不能将粒子自旋看作是绕自转轴的转动呢？因为如果按照这种类比，根据电子可能半径的数值做计算的话，电子的假想表面必须以超过光速运动，才能产生足够的角动量。这是违反相对论的。此外，即使你对电子企图保持某种"刚性小球"的图景，但对光子就难以做如此想象了。而在量子力学中，光子及其他的基本粒子，也都有自旋。迄今为止的物理理论及实验都认为基本粒子可视为不可分割的点粒子，既然是点粒子，就更谈不上绕轴旋转，所以我们将自旋看作粒子与生俱来的一种内禀角动量，是无法被改变的一种量子化的属性。

凡是半整数自旋的粒子被称为"费米子"（如电子自旋为1/2），整数的则称为"玻色子"（如光子自旋为1）。复合粒子也带有自旋，其由组成粒子（可能是基本粒子）的自旋透过加法所得。如质子的自旋可以从夸克的自旋量得到。

如电子一类的费米子，其自旋有好些完全不符合经典规律的量子特征。

比如说，经典物理中的角动量（如自转角动量）是三维空间的一个矢量。我们可以在不同的方向观察这个矢量而得到不同的投影值。如图 2-4-1b 左图中朝上的经典矢量，当我们从右边观察它时，它的大小是 1；从下面观察时，投影值为 0；而从某一个角度 α 来观察的话，则得到从 0 到 1 之间随角度连续变化的 cos α 的数值。

电子的自旋就不一样了。自旋角动量是量子化的，无论你从哪个角度来观察自旋，你都可能得到、也只能得到两个数值中的一个：1/2 或 -1/2，也就是所谓的"上"或"下"。

我们将自旋的"上""下"两种状态叫作自旋的本征态。而大多数时候，电子是处于两种状态并存的叠加态中。

电子自旋角动量不是通常三维空间中的矢量，但可看作是二维复数空间的矢量。或者说，它的运算规律可以被归类为"旋量"。旋量在某种意义上可以看成是"三维空间矢量的平方根"。不过，这句话听起来照样不好理解，矢量哪来的平方根呢。

比如，一个二维空间的矢量可以与一个复数相对应，那么我们或许可以从复数的平方根来理解"矢量的平方根"。一个复数

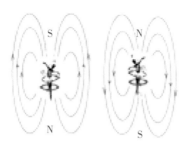

a. 两个自旋态

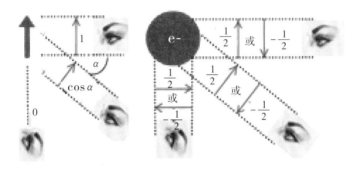

b. 不同方向看矢量和自旋

c. 莫比乌斯带

图 2-4-1　电子自旋的性质

可以用它的绝对值大小（模）及辐角来表示，如果要求这个复数的平方根，可将其模值求平方根、辐角减半而得到，因此一个复数的平方根的辐角是原来复数辐角的一半。所以，当一个复数（1，0）在复平面上绕着原点转一圈，即 360° 之后回到它原来的数值时，它的平方根却只转了半圈（180°），停留在与原来矢量方向相反的位置上，只有当原复数绕着原点转两圈之后，其平方根复数才转回到原来的位置。

电子的自旋也具有类似的性质。当自旋在空间中转一圈之后，不是回到原来的状态，而是上变下，下变上，就像图 2-4-1c 中的小人在莫比乌斯带上移动一圈之后变成了头朝下的状态一样。从图 2-4-1c 中也可以看出，如果那个头朝下的小人继续它的莫比乌斯带旅行，再走一圈之后，就会变成头朝上而回到原来的状态了。由此可见，电子自旋的这个性质正好与上面所描述的"矢量平方根"性质相类似。

五.

全同粒子

因为电子的波动性，使得它不可能像经典粒子一样被准确"跟踪"，所以便不可能因不同的"轨道"而被互相区分。因此，量子力学认为同一种类的微观粒子是"全同"的、不可区分的。而全同粒子又可分为玻色子和费米子。这两类粒子分别遵循不同的统计规律——玻色子服从玻色–爱因斯坦统计，费米子服从费米–狄拉克统计。在基本粒子的标准模型中，组成物质结构的质子、中子、电子等，均为费米子；四种相互作用的传播粒子，包括光子、胶子等，都是玻色子。

不同微观粒子的不同统计性质，来源于它们不同的自旋波函数和不同自旋波函数导致的不同对称性。玻色子是自旋为整数的粒子，比如光子的自旋为1，2个玻色子的波函数是交换对称的。也就是说，当2个玻色子的角色互相交换后，总的波函数不变。另一类称为"费米子"的粒子，自旋为半整数，比如电子的自旋为1/2，由2个费米子构成的系统的波函数是交换反对称的。也就是说，当2个费米子的角色互相交换后，系统总的波函数只改变符号。（见图 2-5-1）无论波函数是对称或反对称，都不会影响平方后得到的概率，但却影响到两类粒子的统计性质。

两种统计规律不仅仅应用于基本粒子，也应用于复合粒子。比如夸克结合而成的质子、中子和各类型的介子，以及由质子、中子结合而成的原子核等，都属于复合粒子。对复合粒子来说，如果由奇数个费米子构成，为费米子；由偶数个费米子构成，则为玻色子。

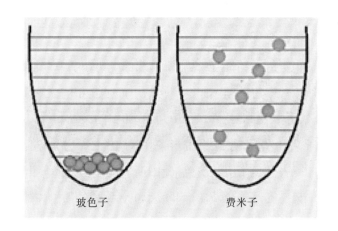

玻色子　　　　　　　　　费米子

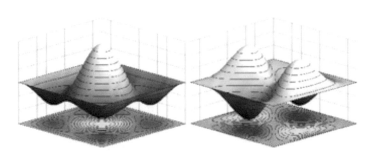

玻色子的对称波函数　　　　　费米子的反对称波函数

图 2-5-1　玻色子和费米子

根据统计规律来定义的玻色子、费米子概念，也可以推广到固体和凝聚态中的"准粒子"。

例如，在半导体中运动的电子，受到来自原子核及其他电子的作用，然而，电子的行为可以视作带有不同质量的自由电子，或称为"准电子"，还有半导体中的"空穴"，也并非真实粒子。这两种准粒子都是费米子。然而，准粒子也可能是玻色子，比如库柏对、等离体子、声子等。

多个玻色子可以同时占有同样的量子态，2 个费米子不能同时占有同样的量子态，这是两者很重要的统计意义上的区别。或者说，玻色子是一群友好的朋友，费米子是互相排斥的独立大侠。如果有一伙玻色子去住汽车旅馆，它们愿意大家共处一室，住一个大房间就够了；而如果一伙费米子去住汽车旅馆，便需要供给它们每人一个独立的小房间。

所有费米子都遵循"泡利不相容原理"。电子遵循这一原理，在原子中分层排列，由此而解释了元素周期律，这个规律描述了物质化学性质与其原子结构的关系。

因为玻色子喜欢大家同居一室，于是大家都拼命挤到能量最低的状态，比如光子就是一种玻色子，许多光子可以处于相同的能级，所以我们才能得到像激光这种"所有的光子都有相同频率、相位、前进方向"的超强度的光束。

如上所述的玻色子和费米子的不同统计行为，也是量子力学中最神秘的侧面之一！石墨烯的特异性质来源于其晶格中费米子（电子或空穴）运动的特异性。

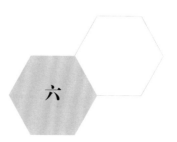

六

量子纠缠

对单个粒子的波函数而言，量子叠加态是产生奇妙量子现象的根源。如果把叠加态的概念用于 2 个以上粒子的量子系统，就更产生出来一些怪之又怪的现象。其中之一，便是人们耳熟能详的"量子纠缠"。

量子纠缠的最初概念，是爱因斯坦反对量子力学的哥本哈根诠释而假想的思想实验，即 1935 年爱因斯坦等三人提出的爱因斯坦-波多尔斯基-罗森悖论（又名 EPR 悖论）[①]。之后，被薛定谔正名为"量子纠缠"。1964 年，英国物理学家约翰·贝尔（1928—1990 年）提出了贝尔实验及贝尔定理，使得 EPR 悖论有了明确的实验检测方法，实验验证了量子纠缠的深层物理意义成为可能。爱因斯坦、波多尔斯基、罗森、薛定谔及贝尔等人研究量子纠缠的初衷，都是为了证明量子力学中可能存在的不自洽性或不完备性，企图用具体实验来验证量子理论背后隐藏的定域

[①] A. Einstein, B. Podolsky, N. Rosen, "Can Quantum Mechanics description of physical reality beconsi-dered complete ?，" *Physical Review*, 47（1935）：777.

隐变量理论，从而证明非定域量子理论的错误。

　　然而，爱因斯坦等人的文章已经发表了80多年，令人遗憾的是，许多次实验的结果并没有支持爱因斯坦等人的"隐变量"观点。反之，实验的结论一次又一次地证实了量子力学的正确性。尽管分歧如故，量子纠缠的机制仍然有待深究和探索，但是大多数物理学家均认为这种反直觉的"鬼魅般的超距作用"确实存在。

　　量子纠缠所描述的是两个电子量子态之间的高度关联。这种关联是经典粒子没有的，是仅发生于量子系统的独特现象。其原因归根结底仍然是因为电子的"波动性"。就直观图像而言，读者不妨想象一下：2个弥漫于空间的概率波包纠缠在一起，显然比2个小球纠缠在一起，难分难解多了。

　　我们考虑一个二电子量子系统，并使用电子自旋来理解"纠缠"。因为电子自旋只有"上""下"两种简单的本征态，类似于抛硬币时的正反两面，不像位置、动量等有无数个本征态，因此用电子自旋量子态的"纠缠"来说明问题更简单明了。

　　比如说，对2个相互纠缠的粒子分别测量其自旋，其中一个粒子得到结果为"上"，另外一个粒子的自旋必定为"下"；而其中一个粒子得到结果为"下"，则另外一个粒子的自旋必定为"上"。以上的规律说起来并不是什么奇怪的事，有人用一个简单的经典例子来比喻：那不就像是将一双手套分装到2个盒子中吗？一只留在A盒子，另一只拿到B盒子，如果看到A盒子的手套是右手的，就能够知道B盒子的手套一定是左手的；反之亦然。无论A、B盒子相隔多远，即使分离到2个星球，这个规律都不会改变。

奇怪的是什么呢？如果是真正的手套，打开 A 盒子看，是右手，合上再打开，仍然是右手，任何时候打开 A 盒子见到的都是右手，不会改变。但如果盒子里装的不是手套而是电子，你将不会总看（观察）到一个固定的自旋值，而是有可能"上"，也有可能"下"，没有一个确定数值，"上""下"皆有可能，只是以一定的概率被看（测量）到。因为测量之前的电子，是处于"上""下"叠加的状态，即类似"薛定谔的猫"的那种"死活"叠加态。测量之前，状态不确定，测量之后，方知"上"或"下"。诡异之处是：测量之前，我们"人类"观测者不能预料测量结果，但远在天边的 B 电子却似乎总能预先"感知"A 电子被测量的结果，并且鬼魅般地、相应地将自己的自旋态调整到与 A 电子相反的状态。换言之，2 个电子相距再远，都似乎能"心灵感应"，做到状态同步，这是怎么一回事呢？况且，如果将 A、B 电子的同步解释成它们之间能互通消息的话，这消息传递的速度也太快了，已经大大超过光速，这样就不违反了相对论吗？

前文所描述的现象及实验事实，基本上是所有承认量子力学的物理学家认可的。然而，如何解释这些事实呢？这就有了种类繁多的不同诠释，除了比较主流的哥本哈根诠释，常见的还有多世界诠释、系综诠释、交易诠释等。但似乎没有一种说法能解释所有的实验或能满足所有的人，这也是爱因斯坦不满意量子力学之处。本书以后的叙述中对量子力学的解释，都只使用所谓的主流观点——哥本哈根诠释。

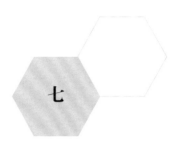

七

波函数是什么

薛定谔为电子的运动建立了数学方程，精确地计算出氢原子的能级，加之追随其后接踵而至的无数成功实验的支持，犹如牛顿定律之于经典力学，当年的薛定谔方程似乎已经成为牛顿第二定律在量子力学中的类似理论。不同的是，牛顿经典力学曾经带给物理学界一片晴空，而薛定谔方程之后的量子力学却远远不是万事大吉。反之，如今从历史倒回头看，薛定谔方程的建立正是量子物理学家们噩梦的开始。可以说，一切都是波函数惹的祸！

牛顿方程的解是粒子在空间中随时间变化的轨迹，这轨迹似乎看得见摸得着，容易被人理解。即使轨迹看不见，大多数时候也能够在脑海中画出来吧。而从薛定谔方程解出的电子运动规律，却是一个弥漫于整个空间的波函数！这个波函数很好用，解释了实验，发展了理论，但它到底是个什么东西，如何将它与人们脑海中小球状电子的运动联系起来呢？

薛定谔首先想：波函数是否代表了电荷的密度？这个念头在直觉上就行不通，计算中也惨遭失败。1926 年，德国物理学家玻恩（1882—1970年）给出了一个概率的解释，假设这个波函数的平方代表电子在空间某点出现的概率，这个想法在当时貌似成功地解释了波函数的物理意义。可是，薛定谔本人并不赞同这种统计或概率的解释。之后，随着波函数开始的一系列量子诡异现象及诠释的诞生，其中包括海森堡（1901—1976年）的不确定性原理、玻尔的互补学说、哥本哈根学派的波函数塌缩、量子测量的主观性、量子纠缠等，让爱因斯坦也坐不住了。物理学界的大佬们基本分成了两大派：以玻尔为代表的哥本哈根学派，以爱因斯坦、薛定谔等人为首的反对派。这导致了爱因斯坦与玻尔间所谓的"量子世纪大战"。

当然，爱因斯坦并不是反对量子力学本身，也并不反对概率论，而是不能接受哥本哈根学派对波函数的概率诠释。但他只有反对的立场却拿不出更多反对的依据，只能以反例来提出几个思想实验，自己却没有创建出一个有建设性的、新的量子理论的框架和诠释。

反之，当时玻尔领导的哥本哈根理论物理研究所成为世界的量子研究中心，其中玻恩、海森堡、泡利（1900—1958年）及狄拉克（1902—1984年）等一群与量子力学同龄的年轻人是这个学派的主要成员，他们对量子力学的创立和发展做出了杰出贡献。哥本哈根诠释长期主宰物理界，是被广为接受的主流观点。即使今后或许将被别的诠释或理论所代替，哥本哈根学派及哥本哈根诠释在量子力学发展道路上也是功不可没的。

总之，围绕电子的这团波函数"迷雾"，以及"迷雾"导致的学术纷争，一直延续至今。

八

不确定性原理

不确定性原理,说的是粒子的位置与动量不可能同时被确定。位置的不确定性越小，则动量的不确定性就越大；反之亦然。

实际上，在薛定谔导出薛定谔方程之前，海森堡和玻尔已经为量子力学建立了第一个数学基础——矩阵力学。之后，薛定谔证明了矩阵力学与薛定谔方程的波动力学两种描述在数学上是等效的。但是，物理学家们习惯于微分方程，因为那是牛顿力学中驾轻就熟的东西，人们也喜欢直观的波函数图象，不喜欢矩阵力学枯燥乏味的数学运算。即使波函数的物理意义不甚明了，但有了图象，概念才显得直观明晰且能有所理解并发挥想象。于是，学者们兴高采烈地研究和应用薛定谔方程，而将矩阵力学冷落一旁。这点使得海森堡一直耿耿于怀，颇为失落。因此，他也决心给自己的理论配上一幅更直观的图象。

海森堡试图用图象来描述电子的运动轨迹，却发现电子实际上无轨迹可言。因为电子的位置与动量不可能同时被确定。位置的不确定性越小，动量的不确定性就越大；反之亦然。比如，要确定电子位置必须进行测量，测量电子位置最好的方法就是使用波长小于电子运动范围的激光。而原子中的电子，运动范围数量级只有 10^{-10} m，可能的运动速度却高达 10^6 m/s，在这种快速运动情形下的电子，被激光光子顶头一撞，速度和位置都不断改变，光子与电子相互作用时对电子的扰动使得电子的位置和速度都无法确定，谈不上具有准确的数值。

海森堡由此认为，用位置、速度等瞬时变化的经典物理量来描述量子理论中粒子的运动状态是不合适的。海森堡的不确定性原理，实际上也是在爱因斯坦"可观察量"思想的启发下所提出的。因为爱因斯坦认为，一个完善的理论，必须以直接可观察量为依据。但讽刺的是，海森堡由此启发而得到的却是爱因斯坦至死都不愿接受的结果：

$$\Delta x \Delta p_x \geq \hbar$$

在上述不等式中，也许不等号右边的下限极值不是完全正确，但并不影响这个原理的基本精神。不确定性原理是自然界的一个基本数学原则，它确定了数学方程中成对出现的所谓"正则共轭变量"必然要受到限制，鱼和熊掌不可兼得，顾此而失彼。事物都是彼此制约、互相限制的，不确定性原理反映了自然界的这个本质。如此而互相限制的共轭变量（对）不是仅限于位置和动量，其他诸如能量和时间、信号传输中的时间和频率等，都是共轭变量（对）的例子。

九

量子测量和波函数塌缩

提出不确定性原理的同时，海森堡也提出了另一个哥本哈根学派的中心概念——波函数塌缩。其目的是为了解释不确定性原理与量子测量的关系。

物理学所关注的只是可观察的事物。然而，观察需要通过测量，对电子行为的测量则免不了让电子与某种外界影响相互作用。这样，观察电子的测量必然伴随着对光子运动的干扰，如图2-9-1所示。

对经典测量行为，干扰的尺度大大小于测量尺度，可以忽略，但量子测量时则不能忽略，因而微观世界需要遵循不确定性原理。

一个具有一定动量的微观粒子的位置是不确定的，根本不知道它在哪里。一旦我们去观察它，它瞬间就出现在某个位置，因而能得到一个位置的确定值。为了解决这个矛盾，海森堡引入了"波函数塌缩"。海森堡说，这是因为电子本来不确定位置的波函数在人的观测瞬间塌缩成某个确定位置的波函数了。这个概念之后又被数学家冯·诺依曼推广，且纳入量子力学的数学公式中。

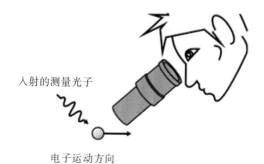

入射的测量光子

电子运动方向

a. 测量光子入射前

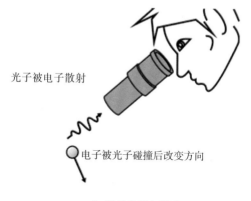

光子被电子散射

电子被光子碰撞后改变方向

b. 测量光子入射后

图 2-9-1　测量影响电子运动

　　为了描述波函数，我们引入了量子叠加态的概念，电子的运动可以表示成不同的确定位置态的叠加，也可表示成不同确定速度态的叠加。波函数就是叠加系数。当测量位置时，量子态就随机塌缩到一个具有明确位置的量子态；当测量速度时，量子态就随机塌缩到一个具有明确速度的态，塌缩到某个态的概率与叠加系数，也就是与波函数大小的平方值有关。

　　也就是说，量子力学中用两种过程来描述电子的运动，一个是测量之前由薛定谔方程（或狄拉克方程）描述的波函数演化过程，是可逆的；另一个是测量导致的不可逆的波函数塌缩。前者被大多数人认同，后者属于哥本哈根诠释。甚至今天，波函数概念引发的论题仍旧尚未获得满意的解答。据说当年玻尔自己并没有完全接受"波函数塌缩"的观点。

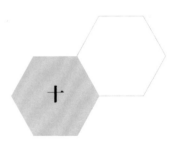

概率的本质

经典物理和量子理论中，都使用"概率"一词来代表事件的不确定性，但其物理解释却大相径庭。概率是什么？概率可定义为对事物不确定性的描述。根据经典物理的观点，认为概率的发生是因为人们所掌握的知识不够。但从量子力学的观点看，不确定性不是来自知识的欠缺，而是来自事物的内在本质。

在经典物理学框架中，不确定性是来自我们知识的缺乏，是由于我们掌握的信息不够，或者是没有必要知道那么多。比如说，当人向上丢出一枚硬币，再用手接住时，硬币的朝向似乎是随机的，可能朝上，也可能朝下。但按照经典力学的观点，这种随机性是因为硬币运动不易控制，从而使我们不了解（或者不想了解）硬币从手中飞出去时的详细信息。如果我们对硬币飞出去时每个点的受力情况知道得一清二楚，然后求解宏观力学方程，就完全可以预知它掉下来时的方向了。换言之，经典物理认为，在不确定性的背后，隐藏着一些尚未发现的隐变量，一旦找出它们，便能避免任何随机性。或者说，隐变量是经典物理中概率的来源。

这也正是当年爱因斯坦说"上帝不会掷骰子！"的意思。爱因斯坦不是不懂概率，只是固执地认为，"上帝的骰子"是按照深层的"隐变量"规律来掷的，由此才提出了著名的 EPR 悖论。

然而，哥本哈根学派解释的量子理论中的不确定性不一样，他们认为微观世界不确定性是内在的、本质的，没有什么隐藏更深的隐变量，有的只是波函数塌缩到某个本征态的概率。

电子双缝实验证实了电子"同时经过两条狭缝"具有波动性，但其更诡异的行为是表现在对电子的行为进行测量之时。

为了探索电子双缝实验中的干涉是如何发生的，物理学家在双缝实验的 2 个狭缝口放上 2 个粒子探测器，试图测量每个电子到底走了哪条缝以及如何形成了干涉条纹。然而，诡异的事情发生了：一旦想要用任何方法观察电子到底是通过了哪条狭缝，干涉条纹便立即消失了，波粒二象性似乎不见了，实验给出了与经典子弹实验一样的结果！

如何从理论上来解释此类量子悖论？哥本哈根学派认为，微观世界的电子，通常处于一种不确定的、经典物理不能描述的叠加态——既是此，又是彼。比如说，被测量之前的电子到达狭缝时，处于某种（位置的）叠加态——既在狭缝位置 A，又在狭缝位置 B。之后，每个电子同时穿过 2 条狭缝，产生了干涉现象。

但是，一旦在中途对电子进行测量，量子系统便发生波函数塌缩，原来表示叠加态不确定性的波函数塌缩到一个固定的本征态。就是说，波函数塌缩改变了量子系统，使其不再是原来的量子系统。量子叠加态一经测量，就按照一定的概率规则，回到了经典世界。

这种解释带来很多问题（别的诠释又有别的问题），哥本哈根诠释直接使人困惑的是：如何理解测量的本质？谁才能测量？只有人才能测量吗？测量和未测量的界限在哪里？

按照美国物理学家约翰·惠勒（1911—2008 年）引用玻尔的话："任何一种基本量子现象只在其被记录之后才是一种现象。"这段绕口令式的话导致人们如此质问哥本哈根学派：难道月亮只有在我们回头望的时候才存在吗？这个疑问实际上是对哥本哈根诠释的误解。

经典物理学从来都认为物理学的研究对象是独立于"观测手段"存在的客观世界，而哥本哈根学派对量子力学测量的解释，却似乎将观测者的主观因素也掺和到了客观世界中，两者无法分割。不过，认为在测量中主观、客观难以分割的观点，并不等于否定客观世界的存在。此外，对量子现象还存在许多公众迷雾。

第三讲

细观石墨烯

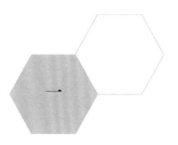

原子和电子云

从第一讲中，我们已经对石墨烯有了基本认识。石墨烯是什么呢？就像许多宣传图中所画的，石墨烯不过就是由碳原子组成正六边形（蜂巢状）而织成的一张大网。用学术一些的语言来说，叫作"准二维晶体结构"。不过，正六边形、晶体、二维网，这些词汇和图象，指的都是原子和原子之间的位置关系，石墨烯中的电子又在哪儿呢？此外，虽说石墨烯只是一张网，但这是一张超大超薄又超强的网，每个网格都是一个完美的六边形，每个结头都是一个碳原子。由于这张网只有一个原子厚，所以它近似于没有高度，只有长度和宽度，300万张这样的"网片"叠加在一起，厚度也不过1 mm。这也就是我们说它是"二维"的原因。数学意义上的"二维"，在真实的物理世界中是没有的，像石墨烯这样，其中一维变成单个原子不能再分了，或者说进入了纳米的尺度，就不称其为"一维"了。另外，在石墨烯这张二维网上的原子间的距离也是非常之小。因此，在二维网上发生的事情要用第二讲中所介绍的量子力学规律来解释。

　　在本讲中，我们将带领读者走进石墨烯的微观世界，细看石墨烯的碳原子如何互相"牵手"及电子云如何分布。然后从实验检测的角度，看看科学家们使用何种手段，来探测观察石墨烯这类二维晶格中的原子及电子的情况，从微观的角度细细查看石墨烯。

　　近看石墨烯的大网上，是一个一个的碳原子。众所周知，任何物质的原子都由原子核和电子构成，但在经典物理和现代物理中，原子模型的图象大不一样。

　　经典力学的原子模型中，电子的运动轨迹是空间中的一条"线"，即牛顿运动方程的解。而在量子力学中，因不确定性原理和波粒二象性，轨道线的概念失去了意义。电子运动遵循的是量子力学中的波动方程。此类方程的解是弥漫整个空间的波函数。有时候，我们仍然使用"轨道"的直观图象，但必须在脑子里记住量子理论对经典轨道的两点基本修正：第一，所谓的"轨道"是量子化的；第二，"轨道"不是一条清晰的曲线，实际上是弥漫于原子周围的空间、其密度代表电子出现概率的电子云。

　　即使是考虑与时间演化无关的"定态"，量子与经典的图象也迥然不同。电子的经典定态是位置确定、动量确定的一个空间点，而在量子力学中，无论是定态还是动态，都仍然需要用整个空间的波函数来描述电子的状态，通常称为"量子态"。如果量子态与时间无关，是定态；如果随时间而变化，那就是与时间有关的薛定谔方程的解。求解与时间无关的薛定谔方程的定态解，是更为基本的量子力学问题。不同的量子态对应不同的能量、轨道角动量和自旋。如果在某个量子态的电子具有一定的能量 E，我们通常说，电子处于能量为 E 的能级。

实际上，一般而言，定态波函数也是时间的函数。但是，波函数的平方即概率密度，是与时间无关的。波函数本身不是可观测量，概率密度才是可观测量。也就是说，对定态而言，概率密度及所有的可观测量，都不随时间而改变。

量子力学中薛定谔方程建立后的一项重要成果，就是得到了氢原子波函数的解析解，由此精确地计算出了氢原子的能级，以及氢原子电子在不同的量子数组合下的电子云形状（见图3-1-1）。类似的方法可推广到其他更为复杂的多电子原子体系，将

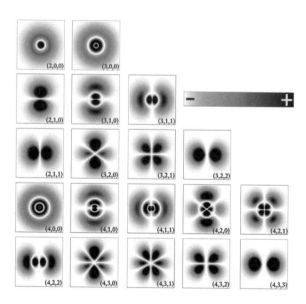

Hydrogen Wave Function
probability density plots.

$$\Psi_{nlm}(r,\theta,\varphi)=\sqrt{\left(\frac{2}{na_0}\right)^3\frac{(n-l-1)}{2n[(n+l)]!}}\ e^{-p/2}p^1L_{n-l-1}^{2l+1}(p)\cdot Y_{lm}(\theta,\varphi)$$

图3-1-1　氢原子的波函数

体系中电子受到的所有作用做平均近似，然后解出在这个平均势场下的薛定谔方程，这样就为一般物质中的电子运动建立了精确的（或近似的）数学模型，并很好地解释了元素周期表。

尽管波函数是弥漫整个空间的函数，但是不同的波函数仍然具有不同的形状。在图象显示中，一般显示的是电子出现的概率密度，也就是波函数的平方。靠近原子核附近，电子密度大；而离原子核较远处，电子出现的概率小、密度小。因此，如果将量子力学中原子的电子轨道用密度不同的图象来描述的话，电子轨迹就像是积聚于原子周围的一团一团形状不同的云彩，人们将其称为"电子云"。

碳的原子序数为6，其原子核由6个质子和6个中子组成，核外绕着6个电子，包括第一层2个电子及4个外层价电子。根据经典的原子行星模型，电子绕核旋转（见图3-1-2a）。

但根据量子力学原理，电子并无明确的轨道，只是按照一定的概率出现在一定的空间区域中，形成电子云，s轨道对应中心对称的电子云，p轨道对应轴对称的电子云（见图3-1-2b）[1]。

电子在轨道上运动的速度很快，用经典力学的方法，可以大概估算一下原子中电子速率的数量级。得出的结论是：如果将光速设定为1，那么电子的速度将是光速的50% ～ 80%。如此之快的运动速度，却被限制在很小的范围内，又由于不确定性原理，当前的实验技术不可能精确地探测电子在轨道上的运动情况。那

[1] I. M. Mikhailovskij, E. V. Sadanov, T. I. Mazilova, et al., "Ultraresolution field eleuron microscopy: Imaging the atomic orbitals of carbon atomic chains, " *Problems of Atomic Science and Technology* 6 （2009）: 1–3.

么，电子云是否可以被现代技术在实验室中观察到呢？答案是肯定的，也可以用计算机模拟出来。本讲后文将介绍的各种显微技术，已经使人类可以观察到原子，甚至亚原子结构。

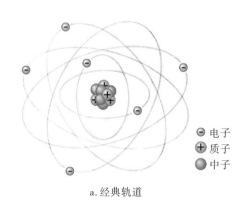

a. 经典轨道

理论图

实验结果

b. 量子模型：电子云

图 3-1-2 碳原子结构

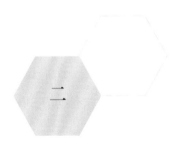

共价键和杂化轨道

图3-1-2所描述的是一个单独碳原子结构中的电子云。然而，大多数情形下，碳原子都是与别的原子一起结合成分子，形成化合物。或者是，许多碳原子自己相互结合在一起，组成我们在第一讲中所描述的各种碳的同素异形体。

一般而言，物质由分子构成，分子由原子组成。原子为什么能形成稳定的分子（或晶体）呢？这其中的理论实际上也是量子力学的功劳。分子中原子之间通过共用电子对而使每一个原子都具有稳定的电子结构。研究分子层次的化学是除物理学外受量子力学影响最大的领域。正是因为将量子力学应用到化学中的价键理论和分子轨道理论，才解释了分子中共价键的形成，化学家们才真正弄清楚了原子结合而成为分子的本质，也就是化学键的本质。化学键之间的相互作用，也属于物理学所归纳的四种基本作用的范畴。分子构成中起主导作用的仍然只是电磁力，并没有任何额外的所谓"化学力"。从这个意义上可以说，是量子力学把化学真正置于科学的基础之上。

化学键在本质上是电性的，根据这种电性作用的方式和程度之不同，可将化学键分为离子键、共价键和金属键等。绝大部分化合物中的原子之间是以共价键而结合的。当2个原子（如氢原子）靠近时，双方的原子核和电子、4个粒子之间，互相既有吸引力也有排斥力。2个原子"牵手"成功而形成稳定的共价键，要遵守三个基本原则：一是双方"电子配对"，二是系统"能量最低"，三是电子云"重叠最大"。

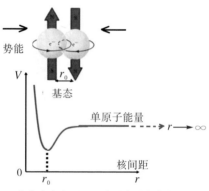

a. 自旋方向相反：r_0处形成稳定结构

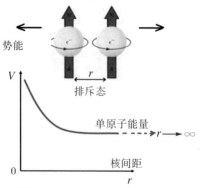

b. 自旋方向相同：不能形成稳定结构

图 3-2-1　自旋对分子成键的影响

比如，图 3-2-1 就自旋来说明上述的三个基本原则：电子配对的意思是说，2 个原子成键时各提供 1 个未成对电子，2 个电子自旋方向相反，才能使双原子系统的能量降低而成键。如果 2 个电子自旋相反，势能曲线如图 3-2-1a 所示，互相靠近时能量降低，低于单独 1 个氢原子的能量，造成相互吸引，直到核间距等于 r_0 时，这时是系统势能最小的状态，称为双原子的"基态"。图 3-2-1b 所描述的是 2 个电子自旋方向相同的情形，这时 2 个电子越靠近，能量越大，不能形成共价键，称为"排斥态"。成键时，2 个原子轨道重叠越多，2 个原子核间的电子云便越密集，形成的共价键也越牢固，这就是原子轨道最大重叠原理。

剩下一个问题：如何才能达到最大重叠呢？电子云基本重叠方式有两种，人们将它们通俗地比喻成"头碰头"和"肩并肩"，分别对应两种类型的共价键：σ键和π键（见图 3-2-2）。

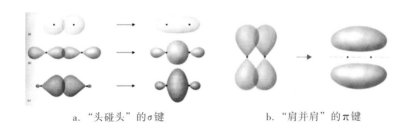

a. "头碰头"的σ键　　　　　b. "肩并肩"的π键

图 3-2-2　成键时的两种电子云基本重叠方式

每个碳原子有 4 个能够进行键合的电子，因此碳原子能以多种不同的方式形成化学键。

碳原子外层的 4 个电子包括 1 个 2s 轨道和 3 个 2p 轨道。但一般而言，碳原子构成的晶体中，这4个轨道重新分配能量和确定空间方向，组成数目相等的新原子轨道，也就是说产生了4个新的杂化轨道（见图3-2-3）。借助碳原子之间不同的杂化方式（sp，sp^2，sp^3），可以构成具有不同物理和化学性质的晶体结构。

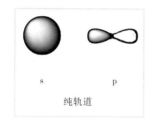

s   p   sp sp^2 sp^3

纯轨道   杂化轨道

图 3-2-3　sp 杂化轨道

杂化轨道理论是1931年由美国化学家莱纳斯·卡尔·鲍林等在价键理论的基础上提出的，实质上仍属于现代价键理论。但在成键能力、分子的空间构型等方面丰富和发展了现代价键理论。成键过程中，同一原子中几个能量相近、不同类型的原子轨道进行线性组合，重新分配能量和确定空间方向，组成数目相等的新原子轨道，这一过程称为"杂化"，形成的新轨道称为"杂化轨道"。

杂化轨道形成的化学键能力强、键能大，使生成的分子更稳定。轨道杂化后，角度分布图的形状发生了变化，一般是一头大、一头小，大头能够形成更大的重叠，使得杂化轨道更具有方向性。比如，金刚石中，碳原子的1个2s轨道和3个2p轨道重新部署产生了4个新的相同的sp^3杂化轨道，形成牢固的正四面体结构。

首次窥探原子内部

原子的内部结构如今已众所周知，但在实验室里真正能观察到吗？

尽管发展了100多年的量子理论仍然有许多基本问题尚待解决，但是近年来，与量子物理相关的实验领域成果不凡。实验物理学家们不仅致力攻克微观和宏观如何衔接的问题，还借助现代实验技术直接或间接地观测原子结构。2012年诺贝尔物理学奖颁发给了发现测量和操控单个量子系统的突破性实验方法的法国科学家塞尔日·阿罗什与美国科学家大卫·维因兰德。两位科学家在实验室中实现了囚禁个别量子系统（单原子）的工作，得以观察到波函数如何塌缩，探讨微观量子规律如何过渡到宏观的经典规律。

2013年，荷兰有研究团队发布消息，宣称他们通过观察原子内电子的波函数而拍摄到了世界首张原子结构图。[①] 实际上，他

---

① 科学网：《世界首张原子内部结构图亮相》，http://news.sciencenet.cn/htmlnews/2013/5/278445.shtm，访问日期：2019年8月10日。

们解决的仍然是如何在宏观尺度上观察微观尺度上发生的量子现象的问题。

荷兰学者所说的"世界首张原子结构图"，也就是氢原子的结构图。氢原子是最简单的原子，薛定谔方程建立之后，首先用于对氢原子的描述，并且大获成功。用量子力学处理原子能级与求解波函数时，氢原子是量子力学唯一能够求得精确解析解的。

荷兰 Max-Born 研究所的研究团队（A. S. Stodolna 等）所用的方法，是大约 30 年前由俄罗斯理论物理学家 V. D. Kondratovich 和 V. N. Ostrovsky 提出来的。他们的实验设置如图 3-3-1 所示[1]。

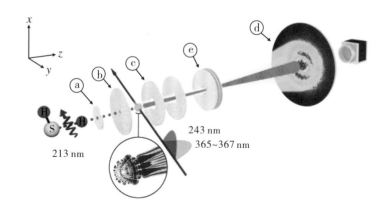

图 3-3-1　荷兰研究者的实验设置

[1] A. S. Stodolna, A. Rouzée, F. Lépine, et al., "Hydrogen Atoms under Magnification: Direct Observation of the Nodal Structure of Stark States," *Physical Review Letters* 110（2013）: 21, accessed May 24, 2013, doi: 10.1103/PhysRevLett.110.213001.

V.D.Kondratovich 等建议了一种实验方法，相当于建立一个显微镜系统，并预言可以用来观察核外电子的波函数。在他们设计的实验中，将激光电离后的氢原子置于一个 z 方向的静电场中，这种氢原子将会处于被激发的斯塔克效应。

斯塔克效应的波函数，可以写成两个波函数的乘积。因为包含了一个固定静电场的氢原子薛定谔方程，仍然可以用分离变量法求解，只不过这时候，原来氢原子的球对称性被破坏了，所以需要进行一个线性坐标变换，将 r（电子和核的距离）和 z（电子沿电场轴的位移）变成所谓的"抛物线坐标"。在抛物线坐标下，薛定谔方程可以分离变量，解出斯塔克效应的波函数。

30 年前的想法很吸引人，但要做出实验却不简单。由于化学上不存在稳定的氢原子，因此首先要用激光离解别的分子，再将氢原子的电子用激光激发到高能级状态。然后，如图 3-3-1 所示，原子射出的光电子携带着斯塔克量子态波函数的信息，被 3 个电子透镜元件放大，投射到放置在大约 0.5 m 以外、垂直于静电场的二维检测器上，产生干涉图案，这个图案对应斯塔克量子态的波函数。这些波函数是驻波，波函数的节点模式反映了状态的量子数。因为坐标变换了，氢原子原来的 3 个量子数（n, l, m）也变换成另外 3 个量子数（n_1, n_2, m）。此时，$n=n_1+n_2+m+1$。

实验结果如图 3-3-2 所示。

图 3-3-2 中对应的 4 个斯塔克量子态，量子数（n_1, n_2, m）分别为（0, 29, 0）、（1, 28, 0）、（2, 27, 0）和（3, 26, 0），也就是说，氢原子的电子被激发到高能级状态 n_1=0, 1, 2, 3。n_1 不大，但 n=29 比较大。中间图所示的波函数，分别具有 1 个、2

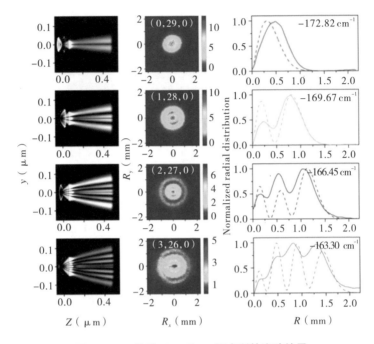

图 3-3-2　荷兰 Max-Born 研究所的实验结果

个、3 个、4 个节点，在图中清晰可见。右边图中的曲线最大值
和节点数一致。

　　通过这个实验，氢原子电子的斯塔克效应的波函数图象，被
放大到了毫米级尺寸（放大约 20000 倍），可以用肉眼观察到。

显微技术知多少

　　窥探原子内部的实验技术突飞猛进，石墨烯研究因此受益匪浅。石墨烯结构优异的特殊性能，需要我们用一些特别的实验方法来检测它。

　　检测的目的，一是为了观察验证石墨烯的结构和形态，验证得到的样品是否真正可被称为石墨烯、层数多少、尺度大小、六边形的晶格结构是否完美、碳原子中有多大比例的杂质或缺陷。二是判定和测试石墨烯的各种性能，包括电学的、力学的、热学的、光学的等。石墨烯具有极快的电子迁移速度，因而表现出非同寻常的导电性。力学性能方面，石墨烯具有超出钢铁上百倍的强度。此外，石墨烯还有极好的透光性、优异的热学性能，这些都需通过一定的测试手段来检测和验证。通过测量才知道各项指标是否达到了我们所期望和要求的数值，是否与相应的理论结果或者与计算机模拟的结果相符合。例如，在力学性能测试方面一般测量杨氏模量及表面张力等，热学性能测试方面则测试热传导性和热稳定性等。在此，我们略去力学性能、热学性能、光学性能、化学性能等方面的测试，仅仅简单介绍几种与电学性能相关的检测方法。

1. 光学显微镜

俗话说眼见为实，虽然我们的肉眼看不见原子，但是显微技术是人类视力的扩展，因此为了检验石墨烯样品的结构形态，使用显微镜是毫无疑问的首选方法。

显微镜历史悠久，最早是 1590 年由荷兰的詹森父子所首创的光学显微镜。但光学显微镜有其衍射极限（指显微镜测量的分辨率受到波长的限制，这点不难直观理解）。实际上，所谓测量过程，就是测量工具与被测物体的某个相应物理量进行比较的过程。举个简单的例子，当我们用尺子测量某个物体的大小时，尺子上的刻度应该比物体的尺寸小得多，才能足够准确地读出被测物的某个长度的数值。因此，尺子和被测物尺度的相对大小，将影响测量的准确度。用光波探测物体的过程也是这样，光波就是显微测量所用的"尺子"，而其波长就是尺子上的"刻度"。一定波长的光，或者说一定波长的电磁波，只适用于探测大小与其相对应的物体（见图 3-4-1）。

电磁波波长范围

无线电	微波	红外	可见光	紫外	X射线	伽马射线
1 m 人体	$1\sim10^{-3}$ m 谷物	$10^{-3}\times7\times10^{-7}$ m 微生物	$7\times10^{-7}\sim4\times10^{-7}$ m 细菌	$4\times10^{-7}\sim10^{-8}$ m 分子	$10^{-8}\sim10^{-12}$ m 原子	10^{-12} m 原子核

图 3-4-1　电磁波波长与被测物尺度范围

衍射就是通常说的"绕射",因此当探测波的波长比物体尺度大很多时,波只能绕过去,也就是说达到了使用此波的显微镜的衍射极限(见图 3-4-2)。

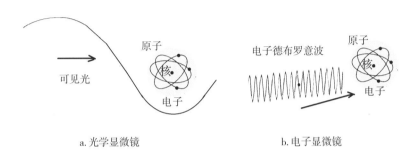

a. 光学显微镜   b. 电子显微镜

图 3-4-2 显微镜测量的分辨率受限于波长

比如说,使用可见光的光学显微镜扩展了人眼的功能,相当于可将被观察物体放大 1000 多倍。但是,衍射极限使其放大倍数被限制在 1600 倍左右。可见光的波长范围在 390 ～ 700 nm 之间,与细菌的尺度同属一个数量级,因而适用于生物学研究。也就是说,细菌最适宜用光学显微镜观察。因为波长大的无线电波经过比细菌大得多的样品时就已经"绕道而行"了,不能用来"看"细菌;而对细菌而言,又没有必要使用波长小的其他类型显微镜,因为"杀鸡焉用牛刀"。

从图 3-4-2 可看到,原子核的大小在 0.001 nm,与可见光波长范围相差 4 个或 5 个数量级,因此不可能使用光学显微镜来观察原子内部结构。好在电子显微镜的发明解决了这个难题。

根据量子力学原理，电子具有波动性，电子的德布罗意波长 λ 与电子动量 p 有关，p 越大，波长越小，可以根据下式计算：

$$\lambda = \frac{h}{p}$$

根据计算结果，一般而言，电子的德布罗意波长要比光波波长小很多，如 100 kV 电子的德布罗意波长是 0.0037 nm，或许可用来探测原子结构、观测电子云？

2. 电子显微镜

20 世纪 20 年代，量子理论建立。1924 年，德布罗意提出了物质波的猜想。那时，物理学家们就有了设计制造电子显微镜的念头。因为生物学家们希望克服光学显微镜的衍射极限，利用电子显微技术来帮助他们分辨病原体，如病毒等。如果电子束真是与光类似的波的话，也会有干涉和衍射现象，物理学家们就可以模仿光学显微镜的结构，用射出电子束的电子枪来代替光源，用磁场或静电场代替透镜，将电子束聚焦到样品上最后成像。

话虽这么说，但要想成功地研制出电子显微镜，还得有一步一步的实验来支持。比如，首先得用实验证明电子的确具有波动性。

1926 年，德国物理学家汉斯·布什研制出了第一个磁力电子透镜；1927 年，美国的戴维森、革末与英国的汤姆森发现了电子的衍射现象。电子衍射的发现证实了"德布罗意波"的概念，也增强了人们对研制电子显微镜的信心。

1931 年，德国物理学家恩斯特·鲁斯卡（1906—1988 年）和马克斯·克诺尔研制出了第一台透射电子显微镜（Transmission

Electron Microscope，TEM）（见图 3-4-3a）。1938 年，鲁斯卡在西门子公司继续研究，制成了第一台商业电子显微镜。48 年后，鲁斯卡为此获得了 1986 年诺贝尔物理学奖。

除了透射式的电子显微镜，还有一种扫描电子显微镜（Scanning Electron Microscope，SEM）（见图 3-4-3b）。

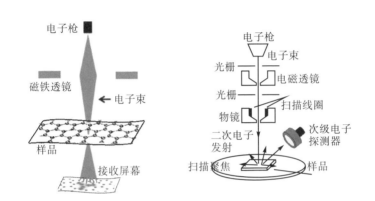

a. 透射电子显微镜（TEM）　　　b. 扫描电子显微镜（SEM）

图 3-4-3　电子显微镜工作原理

TEM 中，被高压加速的电子流穿透样品在屏幕上直接获得样品的投影。其优点是设计思想简单，缺点是样品必须切成很薄的薄片。对较厚的样品，需要更高的电压来加速电子。

SEM 的结构不一样，电子束不必穿透样品，而是尽量被聚焦在样品的一小块地方，然后一行一行地扫描样品。用以扫描的电子束射到样品上，导致样品表面激发出次级电子散射，SEM 观察这些次级电子而得到样品表面的信息。因为 SEM 中的电子不必透射样品，所以其加速电子的电压不必非常高。

也可以采取两者结合的方式：让电子束既透过样品又进行扫描，这种显微镜就是扫描透射电子显微镜（Scanning Transmission Electron Microscope，STEM）。1937 年，第一台 STEM 推出。

电子显微镜的成功太令人兴奋了，不仅使显微技术克服了光波波长的限制，还有力地再次证明了量子力学的结论——电子具有波动性。

不过，当时的电子显微镜也存在许多不足之处。比如，在揭示物体的表面结构方面，电子束的能量过大或过小都有问题。电子速度过高，很快就透入物质深处去了，没有什么次级电子散射；电子速度过低，又容易受样品电磁场的影响而偏折，难以得到理想的观测结果。

3. 扫描探针技术

扫描探针技术包括扫描隧道显微镜（Scanning Tunneling Microscope，STM）和原子力显微镜（Atomic Force Microscope，AFM）。如何才能准确探测物体的表面结构而又不对样品表面造成任何损伤呢？科学技术总是一步一步向前发展的。1981 年，瑞士苏黎世 IBM 实验室的科学家盖尔德·宾尼和海因里希·罗雷尔另辟蹊径，他们不使用电子枪发射电子束，而是巧妙地利用扫描探针和样品表面的隧道现象，依靠接收隧穿电流来探测物体表面。

他们所用的就是 STM，是利用量子隧道效应来探测物体的表面结构，其原理如图 3-4-4a 所示。保持特制的金属探针和显微镜要观察的导电样品之间有一层绝缘介质，且绝缘层薄得足够让电子穿越而产生漏电流，或称"隧穿电流"。然后，让金属探针在样品表面的各个方向沿着某个基准面移动，像 SEM 一样进行扫描。只不过，SEM 的扫描工具是聚焦的电子束，而 STM 用的是金属探针，更类似于老式唱片机中的唱针在唱片上移动。如果样品的表面高低不平，两个导体之间绝缘层的厚度会有所变化，从而使得探测到的隧穿电流有所变化。换言之，接收到的隧穿电流大小的变化，反映了被探测表面的微小波动。隧穿电流携带了样品表面结构的信息，由此可以观察表面上单原子级别的起伏，将此电流信号送到计算机内稍加处理，就能得到样品表面的图象了。STM 使得我们能看到纳米数量级的单个原子。

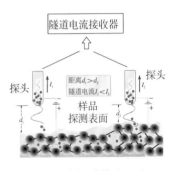

a. 扫描隧道显微镜（STM）

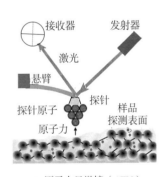

b. 原子力显微镜（AFM）

图 3-4-4 表面探测类显微镜

STM 因其可直接观察物体表面的原子结构，而被广泛应用于表面科学、材料科学、生命科学等领域，并由此开拓了许多新的研究领域，成为纳米加工的关键技术。STM 的两位发明者在

1986 年与电子显微镜的发明者鲁斯卡共享诺贝尔物理学奖。

STM 及后来发明的 AFM 都是表面结构分析仪器。STM 的优点是分辨率很高，可达 1Å，高出 SEM 一个数量级；还可以分析绝缘体、生物样品、固液界面等；仪器设备的价格也相对较低。缺点是只能做表面结构、形貌的分析，不能像电子显微镜那样随意改变放大倍数，扫描照相的时间也很长。尽管 STM 有特殊的用途，但是不能代替 SEM、TEM 和 STEM。目前所有的显微镜中，分辨率最高的还是 TEM，可达 0.8 Å。

AFM 利用其悬臂的高度敏感性工作（见图 3-4-4b），悬臂就像能够真正"感觉"到材料的机械和电气性能一样。将 AFM 应用于石墨烯，不仅能进行形貌测量，还能进行结构、机械和电学特性的测量。AFM 擅长提供低于 10 pm 的高分辨率。石墨烯是单层的碳原子，许多表征技术都可以依赖 AFM 的悬臂。

电子显微镜的应用克服了光学显微镜的衍射极限，但波长代表的极限不是限制仪器分辨率的唯一因素，实际上制成仪器的分辨率取决于许多别的因素，如电子显微镜中使用的磁透镜的球差和色差的影响等。对 STM 及 AFM 来说，分辨率还取决于探针的尺寸、探针在移动时位置的控制方法等因素。

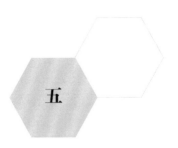

光谱分析法

光谱分析法是基于石墨烯样品与入射波的相互作用，对样品结构情况进行分析的方法。入射波被样品中的原子结构散射或吸收后，其波长和强度将发生变化，通过对光谱变化的分析，我们可得到有关样品的信息。

光谱分析法包括拉曼光谱法、红外光谱法、紫外 – 可见光谱法、原子发射光谱法、原子吸收光谱法等。这里主要简单介绍拉曼光谱法。

拉曼光谱的原理是拉曼散射，在 1928 年被印度物理学家拉曼·钱德拉塞卡爵士（1888—1970 年）发现，他因此荣获 1930 年诺贝尔物理学奖。钱德拉塞卡家族出了两位诺贝尔物理学奖得主，另一位是拉曼的侄子苏布拉马尼扬·钱德拉塞卡，后者因发现与恒星演化和黑洞形成有关的钱德拉塞卡极限，获得 1983 年诺贝尔物理学奖。

光子与物质粒子（或准粒子）碰撞有两种方式：弹性散射和非弹性散射。弹性散射后光波的频率不变，如瑞利散射；非弹性散射后光波的频率改变，称为"拉曼效应"或"拉曼散射"。当光子与物质粒子碰撞时，如果光子损失能量，散射光的频率将低于入射光的频率，称为"斯托克斯散射"；另一种非弹性碰撞则是碰撞过程中，物质粒子放出了能量，光子能量增高，因而散射光的频率高于入射光的频率，称为"反斯托克斯散射"。（见图3-5-1a）

拉曼散射非常弱。一般把瑞利散射和拉曼散射合起来所形成的光谱称为"拉曼光谱"。（见图3-5-1b）

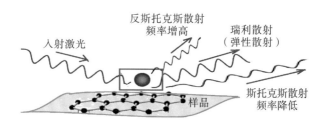

a. 拉曼散射

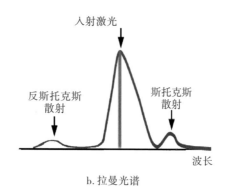

b. 拉曼光谱

图3-5-1 拉曼散射和拉曼光谱

对于石墨烯器件研究来说，确定石墨烯层数及缺陷对其特性的影响是至关重要的。事实证明，显微拉曼光谱是表征石墨烯上述两种特性的简单可靠方法。拉曼光谱对物质的结构敏感，它的高光谱分辨率和高空间分辨率及无损分析等特征使其成为石墨烯领域标准而理想的分析工具。石墨烯的拉曼光谱用几个高峰来表征，如图 3-5-2 中所示的 G 峰和 2D 峰，而不同层数的石墨烯，G 峰和 2D 峰的拉曼频移不相同，由此便能确定样品的层数。

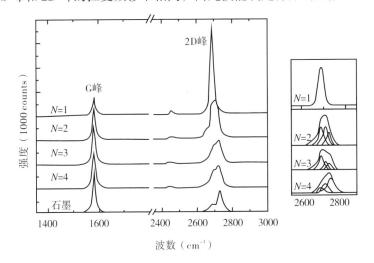

图 3-5-2　不同层数石墨烯的拉曼光谱

角分辨光电子能谱学

前文介绍的光谱分析法，观测的是入射光波从固体散射之后的光谱，以及谱线位置对不同的实验样品的变化情形。也就是说，从光源对样品发射某种频率的光波，然后接收携带着样品结构信息的散射波。

当入射光波的能量足够高，高于某个特定阈值（即材料的功函数）时，光子的能量可以被某个电子全部吸收。然后，表面附近的电子就能在十亿分之一秒内脱离样品，飞逸出金属表面，成为自由电子，并形成光电流，这种现象被称为"光电效应"。

光电效应应用广泛，这里介绍用其探测原子结构的一种方法——角分辨光电子能谱（Angle Resolved Photo Emission Spectroscope，ARPES）。这种方法曾被喻为"可以看见电子结构的'显微镜'"。

对石墨烯及凝聚态物理而言，ARPES 的奇妙之处，就是可以用它来显示和研究固体的电子能级结构，即观察到固体的能带图。能带图不同于物质内部的原子结构图。原子结构图观察显示的是真实空间的真实原子，如电子显微镜拍摄的石墨烯网状结构是石墨烯中碳原子的真实空间位置被放大后的图像。而能带图却并不存在于真实空间中，它描述的是电子能量 E 与波矢 k 的关系，是在波矢空间的 Brillouin 区中沿着各个方向画出来的。也就是说，能带图的横坐标是波矢（或动量），不是空间位置。

例如，图 3-6-1 中分别为某种拓扑绝缘体理论预测的能带图和 ARPES 观察结果。图中横坐标的 M、Γ 是波矢空间的矢量。当我们在后面第四讲介绍"晶格和能带"，以及第六讲介绍"拓扑绝缘体"之后，读者对图 3-6-1 将有更深的理解。我们在此仅仅简单叙述 ARPES 的工作原理。

如前所述，ARPES 的原理是光电效应。在通常的光电效应中，只是用光把光电子打出来，然后在某处接收到光电流而加以利用。ARPES 的方法，则是在各个不同的方向接受并仔细分析这些光电子的能量 – 动量关系，因而被称为"角分辨光电子能谱"。

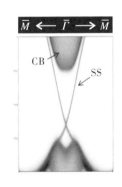

a. 理论预测的能带图

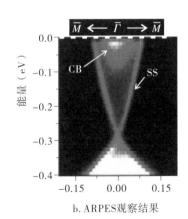

b. ARPES观察结果

图 3-6-1 某种拓扑绝缘体理论预测的能带图和 ARPES 观察结果

ARPES 采用能量很高的光，如同步辐射光，然后测量打出来的光电子的能量和动量，实际上就是测量电子的速度（对应电子动能 E_{kin}）和发射角度（θ, φ）。如图 3-6-2 所示，收集透镜和电子能量分析器计算在一个很小的固体角范围内具有一定动能的自由电子数目，然后将相应的一组测量值（E_{kin}, θ, φ）传送到计算机，计算程序根据测量数据，再同时考虑能量守恒定律和动量守恒定律，可以反过去计算出样品中电子被激发之前的束缚能 E 与其波矢 k 的关系。这个函数关系（E, k）反映了晶体样品材料内部电子的色散性质，也就是所谓的能带图。同时，ARPES 也可以得到能态密度曲线和动量密度曲线，并直接给出固体的费米面，最后将计算结果用图象显示出来。

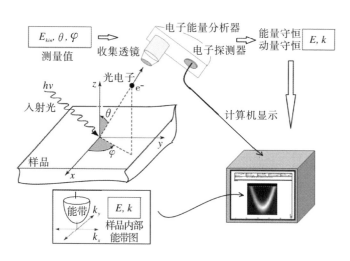

图 3-6-2　ARPES 工作原理

ARPES 在凝聚态物理的各个重要领域都有广泛应用，在低维材料结构、高温超导及材料表面态等研究中，均发挥了非常重要的作用。这些应用反过来也推动了 ARPES 技术本身的不断进步。加上一些辅助设备，比如将 Mott 散射器这种能分辨电子自旋的技术结合到 ARPES 中，使其能够获得材料中除电子的能量、动量信息外的第三个重要信息——电子的自旋信息，对拓扑绝缘体的研究起到很大作用。

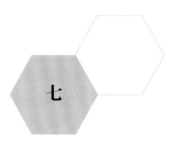

七

实验探测石墨烯

　　以上叙述的各种实验探测方法，对研究石墨烯的结构和性能至关重要，以下为四个实验探测结果的例子。

1. 石墨烯晶格

　　石墨烯本身具有一定的褶皱，并不绝对平整。如果石墨烯的晶格中有缺陷，便会影响其电子、化学、磁性甚至机械方面的性能。用各种人工方法制备的石墨烯，其结构一般都存在缺陷。缺陷是多种多样的，比如理想石墨烯中的结构为正六边形，但有时存在一些五边形和七边形，这就成为石墨烯的缺陷。另外，晶格中也许存在空位、杂质、边缘效应、晶界转动、层堆积或畸变等缺陷。

　　到底是什么样的缺陷呢？本讲前文中介绍的各种探测和表征技术便可以帮助研究者判定缺陷的形态和类型，这样才能确定某种制备方法会造成何种缺陷，以及这种缺陷会怎样影响石墨烯的功能，从而思考应该怎样改进制备过程来减少缺陷。

图 3-7-1 的右图是牛津大学石墨烯研究团队在 2013 年用 TEM 拍摄的照片，左图则是根据 TEM 结果画的原子结构示意图。图中有一个碳原子空格，使得空格上面的六边形变成了五边形。

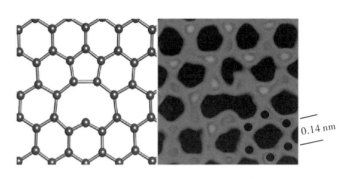

0.14 nm

图 3-7-1　石墨烯晶格中的缺陷 [1]

2. 石墨烯层数

理想的石墨烯是单层的，制备过程中得到的却不一定是单层材料，因此一般将 10 层以下的单层集合都叫作石墨烯。石墨烯性能与微观结构（层数）之间有怎样的关系？如何测量石墨烯的层数？这些都是研究者们需要解决的问题。确定石墨烯层数的方法很多，甚至从光学显微镜也能得出结论。拉曼光谱是测量石墨烯层数比较简单易行的方法，此外，使用 AFM 和 TEM 等也能确定石墨烯层数。（见图 3-7-2）

使用光学显微镜可以快速简便地测量石墨烯层数，对样品无

① Alex W. Robertson，Jamie H. Warner，"Atomic resolution imaging of graphene by transmission electron microscopy，" *Nanoscale*，5（2013）：4079-4093，accessed July 24，2019，http://pubs.rsc.org/en/content/articlelanding/2013/nr/c3nr00934c#!divAbstract.

破坏性，但只适用于在对比度差异明显的衬底上制备的石墨烯。拉曼光谱法快速有效，且分辨率高，对样品不造成损伤，适用于测量 AB 堆垛（晶格移位）的石墨烯，却难以分辨 AA 堆垛（晶格同位）的石墨烯。使用 AFM 是直接有效的方法，但观测范围小，效率低，精确性受多种因素影响。使用 TEM 看到的层数简便而直观，但有可能会破坏样品。

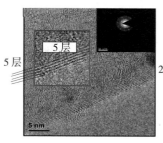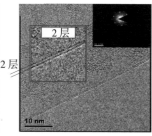

图 3-7-2　确定石墨烯的层数

3. 石墨烯的共价键

借助各种探测技术的强大威力，可以说已经能够"看"到原子，IBM 实验室还宣称能够操控和移动单个原子并拍了一部名为 *A Boy and His Atom* 的原子电影。近几年，也经常有观察到电子云的实验的报道。不过，永不满足的科学家们总是期望能继续不断地深入单个原子的内部，直接看到更多有关电子轨道的信息。石墨烯是只有一层原子厚度的薄膜，也许是一个可以用来探索亚原子层次、观察电子云的合适的候选者。

使用 TEM 是观测石墨烯原子结构的好方式，但电子显微镜不能像相机那样，咔嚓一声就能快速地拍摄出原子内部的照片，通常需要复杂的计算和处理，或者再辅以其他的物理过程来达到某种特殊的目的。人类已经在充分利用电子显微镜的潜力。如图 3-7-3b 中所示的能量过滤透射电子显微镜（Energy-Filtered Transmission Electron Microscope，EFTEM）就被用来获得了石墨烯单个原子内每个电子云的清晰图像（见图 3-7-3a）。

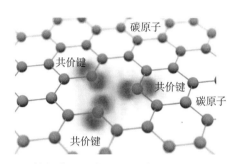

a.石墨烯个别原子的能量过滤透射电子显微镜成像

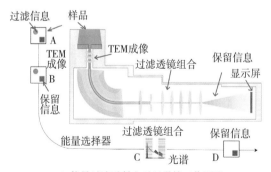

b.能量过滤透射电子显微镜工作原理

图 3-7-3　观察到石墨烯的共价键[1]

[1] Lorenzo Pardini，G. Biddau，R. Hambach，et al.，"Mapping Atomic Orbitals with the Transmission Electron Microscope:Imag-es of Defective Graphene Predicted from First-Principles Theory，" *Physical Review Letters* 117（2016）：3，accessed July 15，2016，doi:10.1103/PhysRevLett.117.036801.

EFTEM 是在电子束穿过 TEM 之后，再利用过滤透镜组进行能量选择，磁场只让能量在一个狭窄窗口内的电子通过，而将多余的电子过滤掉，只留下携带有用信息的电子。上述结果是由维也纳大学教授 Peter Schattschneider 领导的国际研究小组在 2016 年得到的。

4. 石墨烯能带结构

图 3-7-4 中的左图是理论预测的石墨烯能带结构，两个圆锥倒接在一起，圆锥被称为"狄拉克锥"，相接之点被称为"狄拉克点"；右图是使用 ARPES 得到的石墨烯能带结构。能带图是什么？它是固体物理中用来描述电子可能具有的各个能级与其动量的关系图。我们将在下一讲中逐步介绍晶格和能带的基本概念。

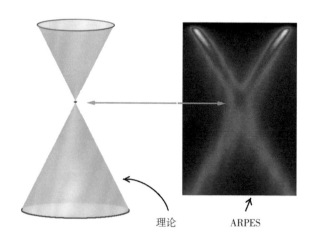

理论　　　ARPES

图 3-7-4　石墨烯能带结构

第四讲

晶格和能带

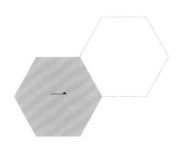

结构决定性质

　　石墨烯的特殊性质源于它的特殊结构。结构决定性质，性质决定应用。物质材料的宏观性能，都可以从其微观结构以及其结构与周围环境的关联来解释。这也就是为什么我们虽然不能直接看到原子内部的电子，但是却可以为其运动建立各种理论模型的原因。建立理论模型的目的便是为了解释材料在宏观测量中表现出来的各种特性。事实上，量子力学也是这样一种微观理论，当年是为了解释黑体辐射和光电效应而建立，如今还能帮助我们正确理解石墨烯。

　　上一讲中介绍了杂化轨道。碳原子最外层有 4 个电子，可以与其他原子的电子组成 4 个共价键。由于成键过程中杂化方式不同，同一元素构成了不同性质的材料，金刚石和石墨就是两个典型的例子。金刚石碳原子周围的 4 个电子与各个方向的联系力很均匀，形成 4 个 sp^3 杂化轨道，是很强的 σ 键，因此在三维空间构成一个强力紧密连接的四面体骨架状，使金刚石具有高硬度的特性。石墨烯材料碳原子周围的 4 个电子中，只有 3 个形成 sp^2

杂化轨道，即强σ键，它们使碳原子结合成六边形而构成石墨烯的二维晶格结构。然而，石墨烯每个碳原子还剩下1个外层电子，它们在二维晶格周围游荡，是平面晶格原子的共有电子。它们互相"肩并肩"地组成较弱的π键。当石墨烯层层相叠构成石墨材料时，层与层之间容易滑动，而平面上3个σ键的强力被弱π键的滑动掩盖了，仅有石墨的柔软性表现于外。当石墨分离成为单层的石墨烯之后，二维晶格中3个σ键的强力表现出来，人们才知道软软的铅笔芯（石墨）中原来隐藏着张力极大的二维薄片。

如图4-1-1a所示，石墨烯中最外层的4个电子，1个s轨道电子和2个p轨道电子（晶格所在的p_x和p_y），构成3个sp^2杂化轨道。这3个杂化轨道互成120°，形成晶格六边形中的3个强σ键，使得石墨烯成为具有最高弹性模量和强度的材料。

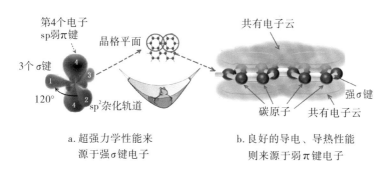

a. 超强力学性能来源于强σ键电子　　b. 良好的导电、导热性能则来源于弱π键电子

图4-1-1　石墨烯的力学、电学性能与杂化轨道的关系

有实验表明，石墨烯每100 nm距离上承受的最大压力可达2.9 N，强度比世界上最好的钢铁还要高100倍，同时还拥有极好的柔韧性和很好的弹性，可以随意弯曲，是迄今为止发现的力

学性能最好的材料之一，拉伸幅度能达到自身尺寸的 20%。换言之，石墨烯是目前自然界最薄、强度最高的材料。对于石墨烯的强度，读者可以直观地体验一下：如果用一块面积 1 m² 的石墨烯做成一个极薄极轻的吊床，床本身的重量只有 1 mg，却可以承受一只 1000 g 的猫。

由于石墨烯具有特殊结构，因此除力学性质外，其他各方面也表现出一般材料不具有的特异性能。比如单层石墨烯具有超高的透光率，这是显而易见的，因为它本来就只由一层原子组成。实验结果表明，单层石墨烯在很宽的波长范围内的吸光度仅为 2.3%，即透光率达到 97.7%。同样的原因，石墨烯材料具有超大的比表面积，即材料面积与其质量之比，可达 2630 m²/g。

每个碳原子 4 个外层电子中的 3 个贡献给了晶格，基本上决定了石墨烯的力学、光学性能。剩下 1 个电子，则成为石墨烯中影响导电、导热性能的共有电子，有时也被称为"自由电子"。这个电子的运动规律，由石墨烯的晶体和能带结构所决定，这是本讲的主要内容。

石墨烯属于固体，更为具体地说，它是一种二维晶体，那么晶体的结构和性质有何特点呢？在量子力学的成功案例中，建立于量子理论基础上的晶体理论和能带理论尤其令人刮目相看。用固体中的能带理论，科学家们成功地从微观的角度解释了导体、绝缘体和半导体导电性能的差别，从而有了如此发达并且能够造福人类的半导体工业。

何谓晶体

原子、离子或分子按照一定的周期性，在空间排列形成具有一定规则的几何外形的固体，即为晶体。因此，晶体最本质的特征就是周期性。自然界或人工合成的固体材料可以分为晶体、准晶体和非晶体三大类。自然界的固体物质中，绝大多数为晶体，如明矾、水晶、雪花等；部分为非晶体，如玻璃、橡胶等；准晶体介于晶体和非晶体之间，属于实验室制造的固体材料。

与晶体周期性结构及性能相关的概念有"布拉维晶格""布拉格反射""布洛赫波""布里渊区"等，分别以与晶体研究有关的几位物理学家的名字命名。有趣的是，这几位物理学家的名字翻译成中文后，都变成了姓"布"的先生。

1. 布拉维晶格

布拉维晶格由法国物理学家奥古斯特·布拉维（1811—1863

年）发现。布拉维从几何的角度研究可能存在的晶格结构，建立了晶体的点阵模型。晶格几何结构的种类是有限的，比如布拉维晶格在二维平面上只有 5 种类型——斜晶格、正方形晶格、六角形晶格、矩形晶格、有心矩形晶格（见图 4-2-1）。

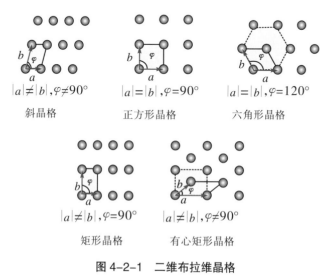

$|a|\neq|b|,\varphi\neq90°$

斜晶格

$|a|=|b|,\varphi=90°$

正方形晶格

$|a|=|b|,\varphi=120°$

六角形晶格

$|a|\neq|b|,\varphi=90°$

矩形晶格

$|a|\neq|b|,\varphi\neq90°$

有心矩形晶格

图 4-2-1　二维布拉维晶格

　　三维晶体的排列方式比较复杂，可以归纳为七大晶系，分别为单斜晶系、三斜晶系、三角晶系、四方晶系、正交晶系、六角晶系和立方晶系。各种晶系分别与 14 种布拉维格子空间晶格相对应，不在此赘述，可参见图 4-2-2。

　　我们说石墨烯是二维晶体，那么，它应该算是图 4-2-1 中五种二维布拉维晶格中的哪一种呢？看起来与六角形晶格比较像，但是又不完全一样，六角形晶格的六边形比石墨烯的还多了 1 个

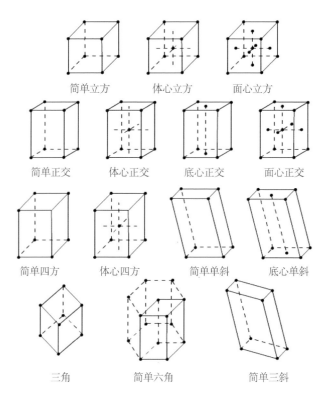

简单立方　　体心立方　　面心立方

简单正交　　体心正交　　底心正交　　面心正交

简单四方　　体心四方　　简单单斜　　底心单斜

三角　　　　简单六角　　　　简单三斜

图 4-2-2　三维布拉维格子

原子。科学家们已经证明石墨烯的晶格结构属于一种三维复式格

子，由两套六角形布拉维格子组成，这两套六角形布拉维格子之

间有一个平移，见图 4-2-3a 中的 A（白）和 B（黑）。

金刚石是三维复式格子的例子，它由两套面心立方布拉维

格子沿着体对角线平移再相叠而成，平移的距离为体对角线的四

分之一（见图 4-2-3b）。

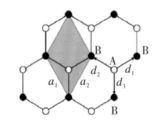

a. 石墨烯的布拉维格子

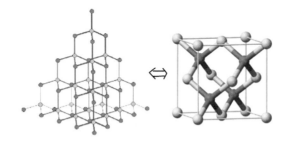

b. 金刚石的布拉维格子

图 4-2-3　三维复式格子晶体结构示例

2. 布拉格反射

布拉维格子是对晶体结构的理论描述，尚需实验证明。用实验方法来探测晶体空间，从而为晶格建立衍射理论的是一对父子兵：英国物理学家亨利·布拉格（1862—1942 年）和他的儿子劳伦斯·布拉格（1890—1971 年）。最后，布拉格父子分享了1915 年诺贝尔物理学奖，这是史上独一无二的父子同上诺贝尔领奖台，被传为佳话。并且，小布拉格当时只有 25 岁，是迄今为止最年轻的诺贝尔奖得主。

布拉格父子所做的诺贝尔奖级贡献,现在看起来似乎挺简单。布拉格父子用电磁波(X射线)探测晶体格点,开创了晶体结构分析学,为后人用X射线及电子波、中子波等研究各种晶体结构建立了理论基础。图4-2-4是布拉格父子发现的晶体反射定律示意图,由图可见,对某个入射角θ,如果从两个距离为d的平行晶面反射的两束波之间的光程差,正好等于波长λ的整数倍时,便符合两束波互相干涉而加强的条件:$2d\sin\theta = n\lambda$。这个公式也被称为"布拉格方程"。满足方程的角度时,光波加强,然而,也会有另外一些角度,可能符合两束波互相干涉而相消的条件,如此一来,我们就能在接受屏上观察到衍射图象,然后进一步分析研究图象携带的格点信息。

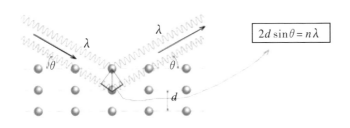

图4-2-4 晶体中的布拉格反射

3. 布洛赫波

布洛赫波指的是晶格中电子的波函数。

1928年,当爱因斯坦、玻尔等人正在为如何诠释量子力学而争论不休的时候，量子理论创始人之一维尔纳·海森堡的学生，另一个姓布的青年，却另辟蹊径，独自遨游在固体晶格的海洋中。

他就是美籍瑞士裔物理学家、1952年诺贝尔物理学奖得主费利克斯·布洛赫（1905—1983年）。布洛赫对固体物理的贡献是求解了晶格中电子运动的薛定谔方程，并以其为基础建立了电子的能带理论。

电子在晶格中的运动本是一个多体问题，非常复杂，但布洛赫做了一些近似和简化后，得出的结论直观而简明。他研究了最简单的一维晶格，然后推广到三维晶格。

布洛赫首先解出真空中自由电子（势场为0）的波函数及能量本征值。然后，他将影响电子运动的晶格的周期势场当作一个微扰，以此得到晶格中电子运动薛定谔方程的近似解。

根据布洛赫的结论，晶格中电子的波函数只不过是真空中自由电子的波函数振幅被晶格的周期势调制后的结果（见图4-2-5）。

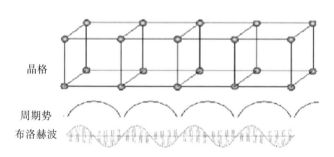

晶格

周期势
布洛赫波

图4-2-5　晶格中的布洛赫波

4. 布里渊区

晶体结构是周期性的原子排列，自由电子在这个周期势场中运动。对于周期函数，物理学家们有一个强大有力的数学工具，那就是傅立叶变换。傅立叶变换的优点是什么呢？我们以声波的傅立叶变换为例进行说明。

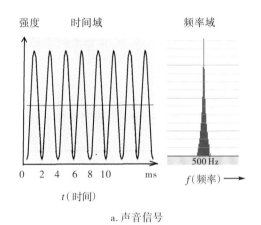

a. 声音信号

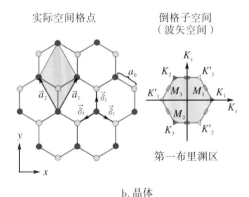

b. 晶体

图 4-2-6 傅立叶变换和布里渊区

图 4-2-6a 的左图显示了某个频率声音（如一个单调的"do"）的时间域信号，是一系列按照时间做周期变化的强度值，时间范围从 0 开始，一直延续到声音结束。如果考虑这个信号的傅立叶变换，即在频率域中的函数曲线，如图 4-2-6a 的右图所示，只是一个局限在很小范围内的函数，仅仅当频率位于 500 Hz 附近时，声音强度才不为 0。

上述例子说明，傅立叶变换仅仅抽取了声音的频率信息，在频率空间中用更为简洁的方式来描述延展于整个时间范围的声音信号。对晶体来说也是如此，晶格是延续于整个空间范围的，晶格中周期排列的原子产生的势场是延续于全空间的势函数，利用傅立叶变换便可以最大限度地利用晶体的空间平移对称性，去除冗余信息，将周期势场函数用更简洁的方式表现出来。

物理学家们将真实空间中的晶体格点称为"正格子"，而将经过傅立叶变换后的空间称为"倒格子"，也叫作"波矢空间"。也就是说，倒格子与正格子的关系，就类似于频率域与时间域的关系。延续于全空间的势函数，在倒格子空间里被局限在一个有限的范围内，这个范围被称为"第一布里渊区"。石墨烯的第一布里渊区是一个正六边形，见图 4-2-6b 中的右图。

三

何谓能带

如前所述，傅立叶变换后的波矢空间，或称"动量空间"，能够更有效地用来研究晶体问题。一般而言，波矢指波动性，表示粒子性时则常用动量。但量子力学的观点认为，所有的粒子或电磁波都具有波粒二象性。因此，波矢与动量之间只相差一个常数因子。所以，当本书中谈及波矢空间、动量空间、倒格子、布里渊区、k 空间（一般用 k 表示波矢）等，都是类似的概念，即晶体结构做傅立叶变换后的空间。在做具体计算时，需要弄清楚是哪个空间，但如果仅求理解物理意义的话，上面的一系列名词不需要严格区分。

固体物理中的能带理论，便是建立在波矢空间中的。能带是能级概念的延拓，根据量子力学的观点，原子中电子的能量不能连续取值，只能取数个分离的数值，谓之"能级"。在晶体中，大量原子有序地堆积结合在一起，某些电子被所有原子所共有，表征电子运动规律的能级，便扩展成了"能带"。能带理论定性地阐明了晶体中共有电子运动的普遍特点，不同材料有不同的能带图，其特征说明了材料的电子输运性能，表明了导体、绝缘体、半导体的区别所在，也解释了晶体中电子的平均自由程等问题。

能带图中，一般用波矢 k 空间的曲线来表明电子的运动规律。不过，我们仍然从真实空间中原子的排列情况开始，首先讨论电子如何共有化，又如何形成了能带的过程。为简便起见，以下的讨论均以一维晶格为例。

微观地观察，一个原子的结构有点像一个家庭，原子核位于中央，周围绕着电子。晶体中的多个原子核排列成为晶格，它们周围的电子便分成了两类：有的处于束缚态，只在原子核附近活动，形成绕原子核的电子云；有的是自由的，为所有的原子核共有。自由电子四处游荡，形成共有电子云。固体物质中自由电子的多少及分布情况，决定了物质不同的导电性。某种晶体材料的能带图，描述的就是具有一定波矢的电子可能具有的能量数值。

图 4-3-1 描述了晶体中电子的势能曲线及共有化过程。图中最上面一条直线表示晶格原子的排列位置，直线以下是原子在晶格中的势能曲线及电子能级。

单个原子中的电子只在自己原子核的库仑势场中运动，其能量由数个分离的能级决定，可画出类似于图 4-3-1a 的能级图。图 4-3-1a 中的库仑势场看起来像是一口"井"，为库仑势阱，这口"井"将电子的运动束缚其中。电子是一种费米子，不喜欢群居，它们在原子周围分层而居、分级而站，互不侵犯，井然有序。电子从能量最低的状态开始排队进入，占据原子一个个分离的能级，即图 4-3-1a 描述的单个原子库仑势阱中的几条水平线。当两个原子靠得很近时，它们的库仑势阱合并起来，如图 4-3-1b

所示。从外面看，双势阱仍然有一个高高的库仑势垒，电子不能跑到两个原子外边。但在两个原子的内部就不一样了，能量小一些的电子仍然在自家的"井"中规规矩矩地住着；能量大一些的，如图 4-3-1 中能量为 E 的电子，便成为两个原子的共有电子，但它们仍然要求各自有自己的"住房"。因此，原来的能级 E 就分裂成了 E_1 和 E_2 两个非常靠近的能级。

　　实际晶体中，很多这种一模一样的原子连在一起，如图 4-3-1 所示。这时候，相邻的库仑势阱都联通起来，自由自在跑来跑去的电子数目增多了，它们为整个晶格的所有原子核所共有，成为晶体中的自由电子。共有电子虽然自由，但是仍然保持"不愿群居"的本性，每个电子要各住一层楼，即单独占据一个量子态，因而使能级产生了分裂。如果每个原子都贡献一个自由电子，如图 4-3-1c 所示的情形，并且固体中总的原子数目为 n 的话，那么

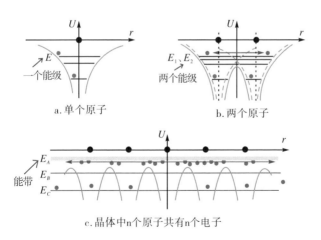

图 4-3-1　晶体中电子的势能曲线及共有化过程示意图

原来的一个能级就分裂成了 n 个能级。当 n 很大时，分裂的能级相隔很近、貌似连续，便形成了能带。

一片连续的能带，如图 4-3-1c 中的 E_A 所表示的阴影部分，包括了许多个不同的能级。更准确地说，包括很多不同的量子态，不过以后均以"能级"简称之。这些能级是可以被该晶体中的共有电子所占有的。当电子具有某个一定的能量时，也就具有了某个固定的动量值，图 4-3-1c 中的阴影部分表示的是真实晶格空间中的能带。另一种表示方法是将阴影能带中的能级按其对应的动量展开，这样便会得到在动量空间的一条曲线。比如说，真空中自由电子的能量与波矢 k 的平方成正比，即 $E=k^2$，在动量空间中展开后，便是延伸于 k 从 − ∞ 到 + ∞ 的抛物线，见图 4-3-2a。

实际上，图 4-3-2a 表示的并不是真空中的自由电子，而是晶体中电子的运动。这时候，电子的波函数被晶格中离子的周期势场所调制，使得电子能带的抛物线（见图 4-3-2a 的中图）形状遭到了局部的破坏。这个破坏主要发生在布里渊区的边界上，也就是那些满足布拉格衍射方程的 k 值。因为在远离这些边界值处，电子仍然可以近似地被视为自由电子，符合平方（抛物线）规律，而在边界 k 值附近，电子的运动被加强的周期势场束缚，不再具有原来那种携带能量到处传播的平面波形态，在布里渊区边界处破坏了原来曲线的连续性，也使得简并的能级发生分离，从而产生了禁带，即图 4-3-2a 的中图上的不连续区域。

此外，如考虑平移对称性，抛物线可以被反复折叠，最后被简化成有限的布里渊区的能带图，得到如图 4-3-2a 的右图所示的典型的能带图曲线：k 值可取范围为 − π/d 到 π/d，能带包括导带、

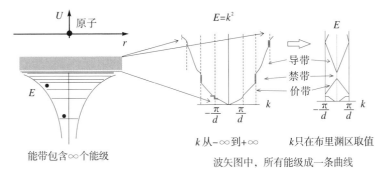

k 从 −∞ 到 +∞　　　k 只在布里渊区取值

波矢图中，所有能级成一条曲线

a. 晶体中自由电子的能带

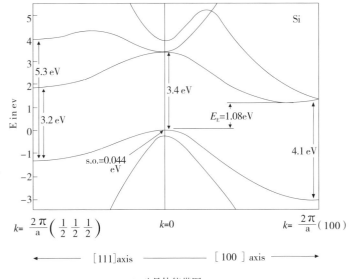

b. 硅晶体能带图

图 4-3-2　能带图

禁带和价带。

真实固体的能带图要复杂得多，如图 4-3-2b 所示的硅晶体的能带图。

所以，能带图曲线上的点表示电子可能具有的运动状态（能量和动量）。不同的材料有不同的能带图，用一个形象的比喻就是：不同的材料，在高高低低的山坡上，规划和建造的一间一间连成线、电子独行侠可以单独入住的房子。能带图的结构和形状，价带、禁带、导带的位置和宽度，决定了绝缘体、导体、半导体的差别。

四

导体、绝缘体、半导体

能带图中有价带、禁带、导带之分，用简单的话来说，禁带是电子不可能具有的能量值，禁带之下为价带，禁带之上为导带。价带已经被价电子填满，导带则一般是空带。价带上的电子无法自由移动，因为周围挤满了电子，已经"人满为患"。除非有一股额外的力量（光照或升温等），使它突然越过禁带蹦到导带上，那么它就可以在空荡荡的导带上尽情奔跑，成为晶体中的自由电子。

如图 4-4-1 所示，绝缘体中，导带和价带之间有很宽的能隙（一般称为"禁带"，或称为"带隙"），价带中的电子很难突破禁带到达导带，所以绝缘体价带中"交通堵塞"，无法导电。

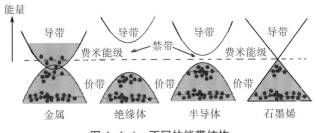

图 4-4-1 不同的能带结构

导体没有禁带，即 $E_g=0$，导带和价带连在一起，甚至互相重叠，价带中的电子可以到达导带而成为整个固体共有的自由电子，所以导体有强导电性。

半导体的情况类似于绝缘体。半导体也有导带、价带和禁带。接近绝对零度时，价带也是满带，但是半导体的价带和空带之间，能隙 E_g 很小，也可能有很小的交叠，这样就很容易在外界作用（如光照、加热、掺杂等）下因跃迁而发生导电现象。半导体的导电性能一般比导体要差得多，因而被称为"半导体"。

图 4-4-1 中还有一条标记为"费米能级"的水平虚线，它决定了一个能量标准。使用前文中电子占据房间的比喻，也就是说，当温度接近绝对零度时，在费米能级这个能量标准之下，房间全被电子住满了，而在这个标准之上的房间则基本全空着。

能带图中的曲线（导带或价带，统称为"允带"）给出了电子可入住的房子，这些房子，电子可能住进去了，也可能还没住。电子到底住没住？住进某个房间的概率是多少？一定的条件下，电子是如何分布在这些房间中的？这些从能带图上不容易看出来，但有一个参数告诉我们这些信息，这个参数就是图 4-4-1 中水平虚线所示的费米能级。

温度接近绝对零度时，费米能级以下全满、以上全空，但如果温度升高一些，情况则略有不同。温度升高了，电子的动能增加了，它们不像原来那么老实，而是在房间里蹦来蹦去，特别是那些靠近费米能级的电子，有的已经蹦到比费米能级还高的地方去了。温度越高，电子上蹦成功的可能性就越大。

所以，当绝对温度不为 0 的时候，费米能级并不是"住了电子"或"没住电子"的绝对分界线，而是决定了电子"入住房间"的概率分布情况。从图 4-4-1 的费米能级位置可验证刚才所述的石墨烯与金属的区别。

综上所述，温度升高时，只有费米能级附近的电子才容易蹦来蹦去，参与热迁移，或产生电荷的运输过程。而这也正是固体表现导电或不导电，决定各种物理性质的机制所在。所以，在能带图中，我们感兴趣的也只是费米能级附近的能带结构，因为它们决定了电子（或空穴）的输运性质，有关费米能级的更详细叙述，见参考文献[1]。

由图 4-4-1 也可见，石墨烯的能带结构很特别，不同于前面所述的三种。它看起来有点像半导体能带图，但价带、导带之间却完全没有间隙。如果将石墨烯与金属的能带相比较，不同之处是在费米能级附近。石墨烯在费米能级的电子密度为 0，而金属的不为 0。下一讲中我们还将具体讨论石墨烯详细的能带结构。

---

[1] 张天蓉：《电子，电子！谁来拯救摩尔尔定律》，清华大学出版社，2014，第 41-60 页。

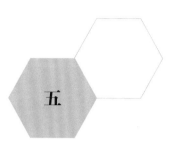

五

晶体中的自由电子

固体的能带结构，给予其中共有电子的状态一个清晰而直观的"定态"图象，说明了电子在晶体周期势场中，可以具有哪些本征能量值和哪些量子态。接下来的问题是：如果在固体中加进外电磁场，这些电子将如何运动？它们的运动规律与真空中自由电子的运动规律有何不同？

完全用量子力学来研究晶体电子在外场中的运动规律，是一个非常复杂的问题。因为当外场（电场、磁场）施加到晶体上时，晶体中的共有电子不只是感受到外场作用，还同时感受到晶体周期势场的作用。但通常情况下，外场要比晶体周期势场弱得多。所以，一般使用半经典的方法来研究电子在外场下的运动，即首先考虑电子在晶体周期势场中的本征态，它们是量子力学波动方程在晶体周期势条件下的解。然后，在此基础上我们再来讨论电子的行为。

换言之，所谓"半经典"就是，第一步方法是量子的，第二步方法是经典的。首先用量子理论求得电子在晶体周期势场中的定态解，这个定态波函数可以视为电子周围的、反映电子出现概率的电子云。也就是说，在晶格中电子的运动，与真空中自由电子在电磁场中的经典运动类似，都可看作是"一个电子概率波包"在外场中的经典运动。

那么，自由电子的运动在晶体中和在真空中有何不同呢？区别在于自由电子的质量，真空中自由电子的质量就等于自由电子固有的静止质量 m_0，而晶体中自由电子的质量为有效质量 m_*。为区分起见，我们一般称晶体中的电子为布洛赫电子（见图 4-5-1）。波包的有效质量 m_* 一般不等于静止质量 m_0，可能更大，也可能更小，由电子在晶体周期势场中的定态波函数解所决定。晶体周期势场中的量子力学方程解，当然不同于真空中的方程解，因而便造成了有效质量与静止质量的不同。换言之，在准经典方法中，晶体周期势场的存在，被反映在有效质量 m_* 中。

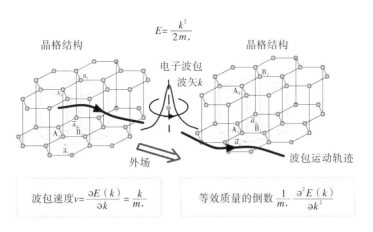

$$E = \frac{k^2}{2m_*}$$

晶格结构　　　　电子波包波矢 k　　　　晶格结构

外场　　　　波包运动轨迹

波包速度 $v = \dfrac{\partial E(k)}{\partial k} = \dfrac{k}{m_*}$　　　等效质量的倒数 $\dfrac{1}{m_*} = \dfrac{\partial^2 E(k)}{\partial k^2}$

图 4-5-1　晶体中的布洛赫电子

六

有效质量和能带图

　　既然有效质量包括了晶体中原子产生的周期势场，它的数值便应该与晶体的能带图有关，因为能带图正是描述了周期势场对电子状态的影响。为了说明有效质量与能带图的关系，我们首先看看真空中电子质量 m_0 与真空中能带图的关系。

　　也许上面的说法使人颇感糊涂：具有周期势场的晶体才用能带图来描述，真空中没有原子，不是晶体，哪里来的能带图呢？

　　真空中确实没有构成晶格的原子，势能最小，可以令其为 0。不过，零势场同样可看作周期势场的特例，所以也可以讨论真空的能带图。并且，能带图并不一定只属于周期势场，现已证实，在非晶体中电子同样有能带结构。

　　实际上，真空的能带图就是真空中自由电子的能量 E 和动量 k 之间的关系，如果不仅仅考虑真空中的电子，而考虑一般的静止质量为 m 的粒子的话，能量 – 动量关系要分两种情况描述：$m=0$，$m \neq 0$。

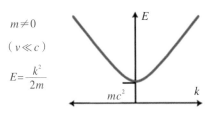

$m \neq 0$

（$v \ll c$）

$E = \dfrac{k^2}{2m}$

mc^2

a. 电子能量、动量的抛物线关系

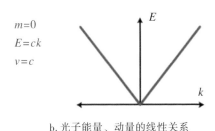

$m = 0$

$E = ck$

$v = c$

b. 光子能量、动量的线性关系

图 4-6-1　真空中能带图（粒子质量 m）

　　如图 4-6-1 所示，当粒子质量 $m \neq 0$，并且运动速度 v 远小于真空中光速 c（$v \ll c$）时，能量 $E = \dfrac{k^2}{2m}$，如不考虑相对论效应的经典电子（质量为 m_0）便属于这种情况。这时候，能带图呈图 4-6-1 所示的抛物线形状。这里的能量 E 仅仅是粒子的动能，没有包括粒子内部的束缚能 mc^2，也就是爱因斯坦质能关系表示的那一项、图 4-6-1a 中抛物线最小值。

　　然而，对质量等于 0 的粒子，比如光子，能量与动量之间不是抛物线关系，而是线性关系。对光子而言，$E = ck$，如图 4-6-1b 所示，光子运动的速度 $v = c$。

　　如上所述，质量 $m \neq 0$（或 $m = 0$）有两种不同类型的能带图。这个问题也可以换个提法，如果给你某种形状的能带图，你如何估计粒子的质量？如果再重温一下图4-6-1，得到问题的答案并不困难。如果能带图是像图4-6-1b那种锥形线，粒子质量 $m=0$；如果能带图是像图4-6-1a那种抛物线，粒子质量 $m \neq 0$。对于抛物线情形，还可以进一步得到：

$$m = \frac{1}{\mathrm{d}^2 E / \mathrm{d} k^2}$$

可以这样来理解质量和能带图的关系，粒子质量 m 是能带图中的一个参数，线性能带图对应参数 $m=0$；抛物线能带图中的参数 m，是能量 E 对动量 k 的二阶导数（曲率）的倒数。

上面的一段话，是根据真空中能量 – 动量关系得到的，但可以推广应用到晶体的能带图上。也就是说，从电子的晶体能带图的某一个能带顶点，可以计算其曲率（二阶导数），这个曲率的倒数对应某个质量参数，是在该晶体中运动的电子的有效质量 m_*。如果某个顶点曲率不存在，那就对应有效质量 $m_*=0$ 的情况，类似于图4-6-1b所描述的真空中的光子，但又不是完全等同于光子，这时候，$m_*=0$，$E=vk$。所以，布洛赫电子运动的速度 $v=E/k$，由能带图中线性关系部分直线之斜率表征。石墨烯的能带图呈锥形，其中电子的运动规律便属于此类有效质量 $m_*=0$ 的情况。为了更好地理解石墨烯中电子的运动规律，我们接下来对有效质量的意义再做深入的讨论。

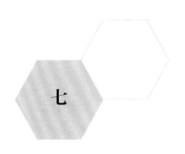

七

有效质量的意义

有效质量 m_* 更为准确的说法，应该是指粒子的"有效静止质量"，就如前文中的 m 指的是粒子的静止质量一样。但一般我们只称其为有效质量。

石墨烯中电子的能量 – 动量关系很特别，也就是说，石墨烯中电子的有效质量 $m_*=0$。但是，大多数半导体的能带图都是如图 4-6-1a 所示的近似抛物线类型，所以，首先理解有效质量 $m_* \neq 0$ 的电子的运动规律，有助于对石墨烯电子运动规律的探讨。

一般来说，布洛赫电子（或其他载流子）的有效质量 m_* 并不等于电子在真空中的真实静止质量 m，因为它计入了晶体中周期势场的影响。而且，晶体的能带曲线 $E(k)$ 也并不是严格的抛物线，抛物线的曲率逐点不同，有效质量反比于能带曲率，曲率小的地方有效质量大，反之亦然。所以，在一条能带上，有效质量 m_* 不是一个常数，而是 k 的函数。

"有效质量"概念的引入，给我们处理晶体中电子运动问题带来极大的方便。运动电子的位置用布洛赫波包的中心位置代替，使得在形式上看起来，布洛赫电子如同真空中电子一样，按照牛顿第二定律运动。晶格的作用仅表现在有效质量 m_* 上。电子的速度 v 及有效质量 m_* 都是由电子在晶体中的能带图形状决定的，速度 v 正比于能带曲率，有效质量 m_* 的倒数等于能量曲线对波矢 k 的二阶导数，即能带曲率。

"有效质量"与原来"质量"概念的不同，还表现在另外一个方面。经典物理中的质量，是物质的固有属性，是一个标量，不会随着波矢 k 的值的改变而改变。而有效质量被定义为波矢空间中能带的曲率，由于能带图具有复杂性，一般来说，各个方向的曲率不一样，这使得有效质量不是一个标量的值就能表述的，而是一个张量。只在特殊条件下，当能带图有简单的对称性时，有效质量才退化成标量。为简单起见，我们只考虑标量的情况。即使是标量，有效质量既可为正，也可为负。在能带底附近，有效质量总是正的，即 $m_*>0$；而在能带顶附近，有效质量总是负的，即 $m_*<0$。这是因为在能带底和能带顶，$E(k)$ 分别取极大值和极小值，分别具有正的和负的二价微商的原因。

有效质量 m_* 不同于 m，它包含了晶格力的作用，因此，晶体中的布洛赫电子只是一种"准粒子"。有效质量 $m_*>0$，说明电子从外场获得的动量大于传递给晶格的动量；反之，有效质量 $m_*<0$，说明电子传递给晶格的动量更大。

如图 4-7-1 所示，有效质量 m_* 可以比 m 大，也可以比 m 小，它的大小取决于晶格力的作用。假设电子最初聚集在势能曲线的顶点附近，如图 4-7-1a 所示，当有外力时，它的作用相当于推动电子沿势能曲线"滚下来"，所以 $m_*<m$。另一种情况下，如

图 4-7-1b 所示，当电子聚集在势能曲线的底部附近时，显然晶格势场的作用恰好和外场力相反，外场助推其离开最低点，表现为 $m_* < m$；晶格势场则阻挡其离开，表现为 $m_* > m$。

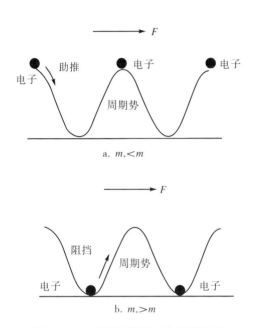

图 4-7-1　晶格周期势对电子的作用

　　总而言之，有了"有效质量"及"波包"的概念，可以唯象地将布洛赫电子在外场中的运动情况用我们十分熟悉的牛顿第二定律来研究。波包表达了量子理论的思想，有效质量计入了未知晶格周期势场的作用。比如说，如果有外场 F 作用在有效质量为 m_* 的电子上，电子运动将遵循牛顿第二定律：$F = m_* a$，其中 a 是电子在外场 F 作用下产生的加速度。

　　现在，我们再回头来探讨如石墨烯这种有效质量 $m_* = 0$ 的情况。在抛物面形状能带图中，有效质量与能带的曲率有关，锥面的曲率是什么呢？黎曼几何中早有研究，在此只用片言只语给予粗浅的说明，感兴趣者可阅读参考文献[1]。根据黎曼几何，嵌入三维空间中的二维锥面是一种可展曲面，面上的（内蕴）曲率处处为 0，除顶点处的曲率是无穷大外。因为有效质量是曲率的导数，所以，在锥面上有效质量成为无穷大，但顶点处的有效质量为 0。能带图中费米能级附近的性质，是决定材料中电子运动特性的关键。石墨烯能带图中的费米能级穿过狄拉克锥的顶点，被称为"狄拉克点"。这个点附近的电子行为是我们的兴趣所在，所以，一般当我们说到石墨烯中电子的有效质量，指的便是狄拉克锥顶点附近的有效质量，其值为 0。

石墨烯的能带结构是奇特的锥形，锥顶附近载流子的有效质量为 0，费米速度比一般半导体中载流子的速度更大，等于光速的三百分之一，呈现相对论的特性。所以，在狄拉克点附近的电子性质应该用狄拉克方程进行描述，而不是用薛定谔方程进行描绘。量子力学中，薛定谔方程用以处理速度远小于光速的电子的波函数，而狄拉克方程是考虑了相对论效应的量子力学方程。下一讲中，我们将更为深入地讨论能带的形成、石墨烯的狄拉克锥等，并对量子力学中的薛定谔方程及结合了狭义相对论效应的狄拉克理论做简单介绍。

---

[1] 张天蓉：《上帝如何设计世界：爱因斯坦的困惑》，清华大学出版社，2015，第 123–148 页。

第五讲

能带和方程

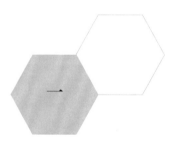

石墨烯的能带

从图 4-4-1 中我们已经看到，石墨烯在费米能级附近的能量与动量是线性关系。但那是石墨烯能带的二维投影图。石墨烯的能带结构的确很特别，尤其是如图 5-1-1 所示的在第一布里渊区中 6 个对称的 k 和 k' 点附近的锥形结构，正是它们造就了石墨烯非同寻常的电学物理性质。

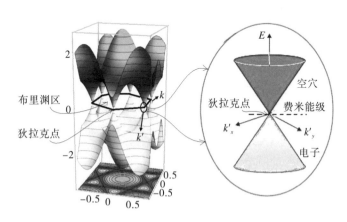

图 5-1-1　石墨烯的能带

从图 5-1-1 右边放大了的锥形图可见，纯石墨烯能带中的导带和价带，还有费米能级，线性相交于一个点，这个点被称为"狄拉克点"。导带和价带则表现为上下对称的锥形，可称为"狄拉克锥"。本讲中我们将更详细地探究狄拉克锥的来龙去脉。

虽然真正的单层石墨烯二维晶体直到2004年才被制造出来，但是石墨烯的能带结构却早在 1947 年就开始被加拿大理论物理学家 P. R. Wallace 研究。

狄拉克锥形状的能带是很特殊的，石墨烯的重要物理学性质产生于靠近狄拉克点费米能级的地方。根据上一讲的讨论，一般来说，在导带底处和价带顶处的电子能带曲线近似抛物线，这意味着电子具有非 0 的静止质量。静止质量为 0 的光子等在真空中的能带形状才是锥形的。晶体中大多数电子的能带图也是抛物线形，其中电子的运动与真空中自由电子的规律类似，只不过电子质量应该代之以一个有效质量而已，有效质量计入晶格对电子运动的影响。电子在晶体中运动，就像一个人在人群中跑步，一路上也许有人挡住他，也许有人推他一把。挡住他时跑不动，就像体重变重了；被人一推飞起来，变得轻飘飘的。电子运动时也是如此，晶格中的原子也许阻碍它，也许帮助它。这所有的作用综合起来，可以用"有效质量"来概括。

然而，在石墨烯的狄拉克点附近，导带和价带线性相交于一点，这说明电子的能量 E 和动量 k 表现为线性依赖关系，类似于真空中无静止质量的光子。这说明电子的有效静止质量变成了 0。石墨烯晶格原子的作用没有阻碍电子，反而使得电子没有了静止质量。电子一个个身轻如燕，可以畅通地输运，以最快的速度飞奔。这种在 $k=K$ 附近有效质量为 0 的狄拉克费米子行为，也已经被石墨烯的实验所证实。在狄拉克点附近，电子的运动不能用非相对论的薛定谔方程描述，而需要用量子电动力学的狄拉克方程来描述。

能带的形成

石墨烯能带的狄拉克锥形状在理论上是如何计算出来的？真要按照晶体中的原子、电子相互作用来精确求解薛定谔方程或狄拉克方程，基本上都是不可能的。这也就是我们将能带理论作为固体物理中"利器"的原因。能带理论本来就是建立在单电子近似及周期场近似的基础上，认为每个电子都在完全相同的严格周期性势场中运动，可以不计电子之间的相互作用而单独考虑。即使在周期场近似的情况下，要求解单电子薛定谔方程也仍是困难的，因此便唯象地研究能带图来得到电子运动的定性图景。那么，每种晶体的电子能带图又是如何得到的呢？这里又得再一次使用某种近似方法。计算周期势的能带图主要有两种近似方法：近自由电子近似和紧束缚近似。

两种近似方法对每种具体的晶格情况计算起来仍然非常复杂，首先做一个简单的定性介绍。

电子的运动有两种极端：自由电子或者原子中的被束缚电子，分别对应连续的能带图和分离的能级。若电子完全共有化而自由运动，其能量便可以连续取任意数值，犹如真空中的自由粒子。真空中的能带图如第四讲中图 4-6-1a 和图 4-6-1b 所示，分别为静止质量不为零粒子的抛物线和光子符合的线性关系。反之，如果电子只被束缚在某个孤立原子周围运动的话，电子的能量只能取一些分立的数值，也就是能带图完全不连续，成为分立能级。

然而，晶体中电子运动的大多数情况，既不是完全的自由电子，也不是仅仅被一个孤立原子所束缚。所以，大多数晶体的能带图介于"连续能带"与"能级"之间，电子能量取值的可能性表现为能带图中连续部分（允带）和不连续部分（禁带）相间组成的能带结构。

既有允带也有禁带，说明晶体中的电子既有共有化运动也有原子内的束缚运动。如何从上述两种极端情形开始，一步一步地计算逼近晶体中电子运动的真实规律，从理论上得到更为准确的能带图，这就产生了如此两种近似方法。

1. 近自由电子近似

假设晶体势较弱，电子的平均动能要比晶体势场大得多时，晶体电子的行为更接近真空中自由电子，这里的真空也必须满足问题中晶体平移对称性的要求，我们称之为"空格子模型"。所谓的近自由电子近似，便是从空格子的自由电子的能带图，即图 5-2-1a 描述的抛物线开始，将抛物线看成电子能带图的零级近似，然后将周期势场当作微扰，计算求解它对抛物线的修正。

在近自由电子近似中，周期势场的扰动使得空格子的单条抛物

线能带中出现不连续，如图 5-2-1b 所示的 $|k|=2\pi/a$ 和 $|k|=\pi/a$ 处（a 为晶格常数），因此得以打开缝隙形成能隙。换言之，因周期势的影响，造成某些波长的电子波由于格点的反射导致与自身相消，而无法在晶格中像原来的自由电子一样传播。犹如电子与周期势场相互作用，直接被"撞"到新的动量态上去，而无法遵循原来的纯抛物线规则了。原本连续的能量 – 动量关系变成离散的能带，折叠到第一布里渊区中成为我们常见的能带图（图 5-2-1c）。

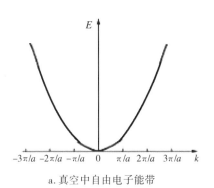

a. 真空中自由电子能带

b. 晶体中近自由电子能带

c. 布里渊区能带

图 5-2-1 近自由电子近似

近自由电子近似模型简单，能在布里渊区边界附近打开简并形成禁带。因为只有满足布里渊区边界反射条件的电子才能形成驻波，某些对应特定能量的电子不允许存在，从而导致能隙。近自由电子近似适用于周期性强且原子间相互作用强的情况，比如金属。

2. 紧束缚近似

这是与近自由电子近似相反的计算思路，适用于周期性弱且原子间相互作用弱的情况。在紧束缚近似中，单个原子势很强，晶体电子被紧紧束缚在其周围，电子的位置空间变成了离散的格点，这些格点代表了晶体中原子的位置，如图 5-2-2 的左上图所示。也就是说，将一个孤立原子势阱求出的薛定谔方程的解作为零级近似，这时候的解应该是电子可能占据的一个个分立能级。从这些分立能级出发（图 5-2-2 的左图），再将每个原子与相邻原子间的相互作用当作微扰。原子与相邻原子间距离越小，微扰越大，大到一定程度，电子可以在不同格点间跳跃，跳跃概率对应不同原子实上电子波函数的"重叠"。电子的波函数用所有原子的电子波函数的线性组合来表示。

从孤立原子出发，逐渐考虑原子之间的相互作用，也就是对应原子间距离不断减小，能级不断分裂，电子被更多的原子所共有。当原子间距等于晶格常数 a 时，便对应了晶体的真实情况。这时候，分立能级展宽成相应的能带：能隙为 E_g 的导带和价带，如图 5-2-2 所示。因为晶体中的电子有可能被晶格中所有电子所共有，电子数 N 很大的时候无法区分能级分裂后的每个能级，所以导带和价带看起来都是连续的能带。最后，从晶格空间变换到波矢空间，得到我们常见的能带图，即图 5-2-2 中的最右图。

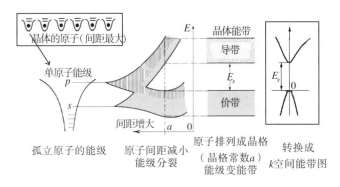

图 5-2-2 紧束缚近似

如上所述，近自由电子近似和紧束缚近似从不同的物理考量出发，使用不同的微扰因素，最后殊途同归，逼近而得到周期势场下描述电子运动的能带图。总体而言，近自由电子近似说明了禁带如何产生，紧束缚近似则解释了连续能带的形成。

从化学的角度来理解，也可以说紧束缚近似实际上是把固体看成了一个巨大的分子。孤立原子有离散能级，两个原子形成分子后电子波函数重叠形成分子轨道。如果把固体看成原子组成的巨大分子的话，原子数多，轨道总数也多，形成的能级就比较密集，可看成连续能带。

薛定谔方程

本书中经常提到量子物理中的薛定谔方程和狄拉克方程这两个方程,但没有写出具体形式。为了更好地理解石墨烯能带中靠近狄拉克点的电子行为,我们在本讲中,对量子力学中的几个方程做简单介绍,因此本讲会涉及少量的数学公式,不喜欢公式的读者,可以对公式"视而不见",仅仅阅读文字,也将有所收获。

西方科学家去世后,当地人喜欢将科学家们最重要的成就刻在墓碑或者其他纪念物上。薛定谔是奥地利物理学家,在维也纳大学摆放的薛定谔大理石半身雕像的底座上刻了些什么呢?正是简化的薛定谔方程:

$$i\hbar\dot{\Psi}=H\Psi$$

方程两边都是能量算符,如果写成详细一点的微分方程形式,左右对换一下,则为:

$$-\frac{\hbar^2}{2m}\frac{\partial^2}{\partial x^2}\Psi(x,t)+V(x)\Psi(x,t)=i\hbar\frac{\partial}{\partial t}\Psi(x,t)$$

（公式一）

薛定谔方程看起来复杂，理解起来却也简单，不过是对应经典力学中高中物理课本就学过的能量 E 和动量 p 的关系式：

$$\frac{p^2}{2m} + V = E \qquad （公式二）$$

公式二中的第一项 $\frac{p^2}{2m}$ 是粒子的动能，第二项 V 是粒子的势能，E 则为总能量。到了量子力学中，经典力学的所有物理量都被某个算符所对应，因此动量 p 和能量 E 都被他们对应的微分算符所代替。能量算符 $\frac{\partial}{\partial t}$ 和动量算符 $\frac{\partial}{\partial x}$ 分别是对时间和空间的（偏）导数，用算符代替后，公式二便写成了公式一即薛定谔方程的形式。如果考虑与时间无关的系统（如晶体）的话，方程可写为：

$$\hat{H}\Psi = E\Psi \qquad （公式三）$$

能量算符 $\hat{H}$，也叫哈密顿算符，在量子力学中占有重要的地位，公式三中的能量算符 $\hat{H}$ 是动能、势能之和，E 是能量的本征值。因此，求解薛定谔方程成为求解哈密顿算符特征方程的问题。对单原子系统而言，解出的所有分立的能量本征值 E_i 便对应电子的能级，也就是能量 E 的可能取值。

能量算符 $\hat{H}$ 不见得一定是表示成如公式一和公式二中的动能加势能的经典形式。比如说，如果粒子运动速度快，需要考虑狭义相对论时，粒子的能量–动量关系便不一样了。

四

狭义相对论

爱因斯坦是一位妇孺皆知的科学家，他的头像连小学生都认识。十分有趣的是，和他的大名一起闻名全世界的，竟然还有一个物理学公式：$E = mc^2$。

这个结论在物理学中叫"质能关系式"，公式中的 E 是能量，m 是物体的静止质量，c 是光速。这个公式的意义可作以下粗略理解：对应质量为 m 的物体，有一个数值为 E 的能量，被束缚于物体内部。换言之，在一定的意义上，可以认为质量和能量是等价的，可以互相转换。因为光速 c 是一个很大的数值，从质能关系得到能量 E 的数值也很大，这点使公众可以理解原子弹爆炸产生的巨大能量的来源。

然而，质能关系式是如何得出来的呢？它不是我们在中学物理中熟知的牛顿力学的内容，而是来源于爱因斯坦的狭义相对论。

狭义相对论与经典牛顿力学的差别之一是对"时间"概念的理解。在经典牛顿力学中时间是绝对的，而在狭义相对论中时间、空间互相关联。这种不同简述如下：

考虑两个坐标系做相对运动时的变换公式。比如说，两个坐标系在 x 方向以相对速度 u 运动时，牛顿力学认为 t 不变，变换用伽利略变换描述，狭义相对论中则用洛伦兹变换描述。

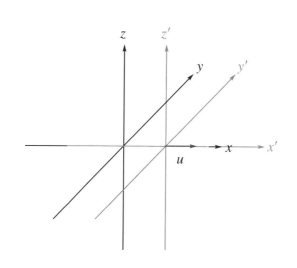

伽利略变换

$$x^t = x - ut$$
$$y^t = y$$
$$z^t = z$$
$$t^t = t$$

洛伦兹变换

$$x^t = \frac{x - ut}{\sqrt{1 - u^2/c^2}}$$
$$y^t = y$$
$$z^t = z$$
$$t^t = \frac{t - \dfrac{ut}{c^2}}{\sqrt{1 - u^2/c^2}}$$

图 5-4-1　伽利略变换和洛伦兹变换

事实上，洛伦兹变换可由狭义相对论的两个基本原理——相对性原理及光速不变假设推导出来。相对性原理说的是所有的惯性坐标系都是等价的，光速不变假设说的是光在真空中的传播速度相对于任何观测者都是一个常数。根据狭义相对论，在遵循洛伦兹变换的四维时空中，静止质量为 m 的粒子的能量 E 是：

$$E=\frac{mc^2}{\sqrt{1-(\frac{u}{c})^2}} \text{ 或 } E^2=\frac{m^2c^4}{1-(\frac{u}{c})^2} \qquad （公式四）$$

相对论的能量公式四当速度 u 很小时，演化成：

$$\xrightarrow[\text{回到牛顿力学}]{u \longrightarrow 0} E=mc^2+\frac{1}{2}mu^2 \qquad （公式五）$$

公式五的能量 E 中包含了两个部分，第二项 $\frac{1}{2}mu^2$ 显然是牛顿力学中质量为 m 的粒子的动能表达式，而第一项 mc^2 则可看成是粒子内部的能量。当速度 $u = 0$ 时，动能部分 $\frac{1}{2}mu^2=0$，便得到 $E=mc^2$，即上述的众所周知的质能关系。

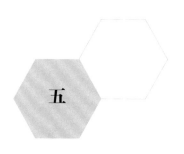

狄拉克方程

从本讲"三、薛定谔方程"中的介绍可知,量子力学的薛定谔方程与牛顿力学方程之间有一个有趣的类比。简单而言,从牛顿力学的能量 – 动量关系出发,将能量和动量分别用它们的算符 $\frac{\partial}{\partial t}$ 和 $\frac{\partial}{\partial x}$ 替代,便可以得到薛定谔方程。

考虑狭义相对论时,粒子应该满足的能量 – 动量关系被公式四所描述,如果速度 u 比较小,可将分数形式稍加变换,再将速度 u 用粒子动量 p 表示,即 $u=p/m$,然后,公式四变成:

$$p^2c^2 + m^2c^4 = E^2 \qquad (公式六)$$

也就是说,结合了狭义相对论,粒子应该满足的能量–动量关系与原来的牛顿力学能动关系不一样了,用算符替代后得到的量子力学方程当然也不一样。这是当年瑞典物理学家克莱因和德国物理学家戈登的思路,他们将公式六中的 E 和 p 换成相应的微分算符,得到了克莱因–戈登方程:

$$\frac{1}{c^2}\frac{\partial^2}{\partial t^2}\Psi - \nabla^2\Psi + \frac{m^2c^2}{\hbar^2}\Psi = 0$$

但克莱因–戈登方程使用起来并不尽如人意，其原因是有个 E^2 项，使方程变成了对时间的二阶微分，完全不同于薛定谔方程，那是对时间的一阶微分方程。

天才的狄拉克解决了这个难题，由此创建了相对性量子力学，并因此荣获 1933 年诺贝尔物理学奖。

狄拉克喜欢玩数学，毕生推崇数学、欣赏数学之美。他说："上帝是用漂亮的数学创造这个世界的。"对克莱因–戈登方程碰到的困境，狄拉克敏锐地感觉到 E^2 是问题的症结所在。那么，如何得出一个既能满足相对论的条件，又能对时间为一阶的微分方程呢？狄拉克立刻想到，把能量 – 动量关系公式六的两边来一个开方运算：

$$H_{Dirac}=Sqrt\left(p^2c^2+m^2c^4\right)=E \qquad （公式七）$$

开方后的算符 $H_{Dirac}=c\sum_i\alpha_i p_i+\beta mc^2$ 便是狄拉克方程中的哈密顿算符，最后的狄拉克方程为：

$$\left(c\alpha\cdot\hat{p}+\beta mc^2\right)\Psi=i\hbar\frac{\partial\Psi}{\partial t} \qquad （公式八）$$

在这里：

$$\beta=\begin{pmatrix}0&0&1&0\\0&0&0&1\\1&0&0&0\\0&1&0&0\end{pmatrix},\quad \alpha_1=\begin{pmatrix}0&-1&0&0\\-1&0&0&0\\0&0&0&1\\0&0&1&0\end{pmatrix},$$

$$\alpha_2=\begin{pmatrix}0&i&0&0\\-i&0&0&0\\0&0&0&-i\\0&0&i&0\end{pmatrix},\quad \alpha_3=\begin{pmatrix}-1&0&0&0\\0&1&0&0\\0&0&1&0\\0&0&0&-1\end{pmatrix}$$

它们满足：

$$(\alpha_i)^2 = \beta^2 = I_4$$
$$[\alpha_i, \alpha_j]_+ = 0$$
$$[\alpha_i, \beta]_+ = 0$$

I_4 是 4 行 4 列的单位矩阵。以上的 4×4 矩阵实际上可以由 2×2 的泡利矩阵构成。

泡利矩阵：

$$\sigma^0 = \begin{pmatrix} 1 & 0 \\ 0 & 1 \end{pmatrix}, \ \sigma^1 = \begin{pmatrix} 0 & 1 \\ 1 & 0 \end{pmatrix},$$

$$\sigma^2 = \begin{pmatrix} 0 & -i \\ i & 0 \end{pmatrix}, \ \sigma^3 = \begin{pmatrix} 1 & 0 \\ 0 & -1 \end{pmatrix}$$

狄拉克方程不仅仅将相对论结合于量子力学之中，它的最优美之处是将"电子自旋"这个颇为神秘的概念自动地融合到了方程中。

狄拉克锥

狄拉克锥虽然不是石墨烯的专属，但也是一种比较少见且独特的能带结构，其能带在分离填充和未填充电子的费米能级处呈两个对顶的圆锥形。到目前为止，已有上百种二维材料被人们发现，但其中只有石墨烯、硅烯、锗烯及其他少量体系被认为可能具有狄拉克锥。并且，只有石墨烯中的狄拉克锥已经真正地被实验所证实。

石墨烯的能带结构是用紧束缚近似法得到的。

图 5-6-1a 显示了石墨烯布拉维晶格的原胞。它是一个包括 2 个不等价的 A、B 原子的菱形（图中阴影部分），其晶格常数 a=0.246 nm，原子间距 a_{c-c}=0.142 nm。倒格子为相对于正格子旋转了 30° 的六角形格子，第一布里渊区在图 5-6-1b 中用阴影六边形表示。对应 2 个不等价的 A、B 原子，第一布里渊区中有 2 个不等价的顶点 K、K'。

碳原子的 4 个价电子中，只有处于 $2p_z$ 态的 π 键电子贡献于晶格的共有化。因为每个晶胞有 2 个 A、B 原子，也就有 2 个 π 电子，

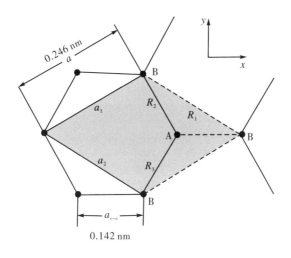

a. 菱形晶胞（晶体空间）

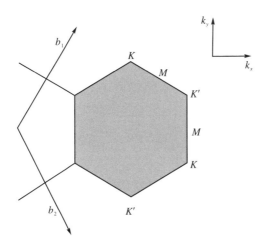

b. 第一布里渊区（k空间）

图 5-6-1　石墨烯结构

在原胞 2 个原子的束缚下分别占据 2 个相邻很近的（$2p_z$）$_1$ 和（$2p_z$）$_2$ 能级。最后，2 个能级在二维单层石墨烯中扩展成 π 能带（填满的价带）和 π* 能带（空带，即导带）。在第一布里渊区的 6 个顶点，π 带和 π* 带是简并的，费米面缩小成 6 个交叉点。使用紧束缚近似，从原胞中 2 个不等价的 A、B 原子的波函数出发，再考虑每个原子与 3 个最近邻原子的相互作用，如图 5-6-1a 的灰色菱形区域中，考虑 A 原子与 3 个最近邻 B 原子的相互作用（图中 A 原子与 3 个最近邻 B 原子的距离分别为 R_1、R_2、R_3）。将各个格点的波函数线性叠加起来，求解波动方程，可得到相应能带的表达式。详细计算过程见参考文献[1]。

因为石墨烯晶格每个晶胞有 2 个原子和 2 个 π 电子，所以最后由紧束缚近似得到的能量 - 动量关系可表达成 2×2 的矩阵形式：

$$h(\vec{k})=\begin{pmatrix} 0 & f(\vec{k}) \\ f^*(\vec{k}) & 0 \end{pmatrix}$$

在这里：

$$f(\vec{k})=-t\left[e^{-ik_xa}+2e^{-ik_xa/2}\cos\left(\frac{k_ya\sqrt{3}}{2}\right)\right]$$

$h(\vec{k})$ 是哈密顿量，可以被对角化为：

$$Uh(\vec{k})U^\dagger=\begin{pmatrix} \varepsilon+(\vec{k}) & 0 \\ 0 & \varepsilon-(\vec{k}) \end{pmatrix}$$

其中：

$$\varepsilon\pm(\vec{k})=\pm t\sqrt{3+2\cos(\sqrt{3}k_ya)+4\cos(\sqrt{3}k_ya/2)\cos(\sqrt{3}k_xa/2)}$$

[1] 阎守胜：《现代固体物理学导论》，北京大学出版社，2018。

将上面哈密顿算符 $h(k)$ 的表达式在第一布里渊区的顶点 K' 附近展开，即令 $k=K'+q$，可得：

$$h(K'+q) = -\frac{3ta}{2}\begin{pmatrix} 0 & e^{\frac{2\pi i}{3}}(qy-iq\infty) \\ e^{-\frac{2\pi i}{3}}(qy-iq_x) & 0 \end{pmatrix} = h\,\upsilon_F\vec{q}\cdot\vec{\sigma}$$

在这里：$\upsilon_F=\dfrac{3ta}{2\hbar}$，$\vec{q}$ 是从顶点 K' 的动量位移对应的算符，$\vec{\sigma}$ 是泡利矩阵。

$$h(K'+q)=\hbar\,\upsilon_F\vec{q}\cdot\vec{\sigma} \qquad （公式九）$$

公式九的哈密顿算符，描述了第一布里渊区顶点 K' 附近，即在波矢空间中与 K' 点的距离为 q 的能带的性质。对其他顶点（比如 K）也可导出类似的方程。将公式九与前文中介绍的狄拉克方程中的哈密顿算符比较：

$$H_{Dirac}=c\sum_i \alpha_i p_i + \beta mc^2 \qquad （公式十）$$

可以得到以下结论：

一是公式九是公式十的二维对应，四维狄拉克哈密顿量中的矩阵 α_i 被二维的泡利矩阵代替。

二是公式九中的 q 是动量算符，与公式十中的 p_i 相对应。

三是公式九中没有 βmc^2 项，这意味着相应的质量 $m=0$。

四是公式九中能量 $h(K'+q)$ 与 q 是线性关系，当 $q=0$，能量 $h(K'+q)=0$。这点与公式十是类似的：H_{Dirac} 与 p_i 成线性。尽管在公式九和公式十中，能量与动量都是线性关系，但是直线的斜率却不一样。公式十中是光速 c 的地方，在公式九中被费米速度 v_F 替代。

因为石墨烯这种如公式九所描述的能带结构哈密顿量与描述

相对论粒子的狄拉克方程哈密顿量类似，所以被称为"狄拉克锥"。当动量等于 0，其电子能量也等于 0（$k=0$），对应的点就是狄拉克点。这种能带描述的电子，是一种有效质量为 0 的粒子，其行为类似于光子，但速度不同。

　　因为狄拉克方程中本质上就自动包含了电子的自旋，所以了解石墨烯第一布里渊区的 6 个狄拉克点附近电子的运动性质，对理解下一讲将要介绍的自旋量子霍尔态等概念，会有所裨益。

第六讲

拓扑世界

一

橡皮膜上的几何学

拓扑学和几何学都是研究空间的数学，但它们研究的方式不同。拓扑学对"点之间的距离"这样的东西不感兴趣，它只对"点与点之间的连接方式"感兴趣，即对"连没连""怎样连"这种类型的问题感兴趣。比如说，有两个几何图形，我们可以将它们如同橡皮一样地拉伸、变形，但不能撕裂和粘贴，如果我们能用上述方法将它们互相转换的话，就称"两个几何图形具有相同的拓扑"，因此拓扑也被称为"橡皮膜上的几何学"。最典型的"几何形状不同而拓扑相同"的例子就是人们经常说的"面包圈和咖啡杯"。在此我们给出更多的实例，直观地介绍拓扑中与本书内容有关的几个概念。

拓扑在理论物理学中的应用主要在凝聚态物理、量子场论和宏观宇宙学领域。石墨烯涉及的是凝聚态物理，其中"拓扑"概念的引入伴随着量子霍尔效应及拓扑绝缘体的发现。

1. 流形

流形是欧几里得空间的推广。欧几里得空间就是我们熟知的直线、平面等平坦的空间。将此概念稍微扩展一下，只要空间中每个无限缩小的局部看起来都和局部欧几里得空间一样，就可以称之为"流形"。如一根线接成一个圆圈就是一维流形的例子，但如果连成一个"8"字形，就不算是流形了，因为在"8"字形那个交叉点的附近，是不能局部等效于直线的。

球面、环面、面包圈面、莫比乌斯带、克莱因瓶都是二维流形的例子。它们每个点附近的小局部看起来都类似于平面，但整体拓扑却大不一样。因此，上面列举的流形例子和欧几里得空间的局部几何性质相似，但整体拓扑却不一样。

2. 亏格

二维流形最直观、最有趣。其中像球面及面包圈面这样的流形，属于"有限、无边界、有方向"的，被研究得最深入，可以用"亏格"来描述和分类。对实闭曲面而言，通俗地说，亏格就是曲面上洞眼的个数（见图6-1-1）。当亏格数等于1时，便对应面包圈或咖啡杯所代表的拓扑流形。

3. 拓扑不变量

拓扑学研究在乎的是点与点之间的连接方式，即两个同构的拓扑空间之间某种相同的内禀性质，这种共同的性质可以用拓扑

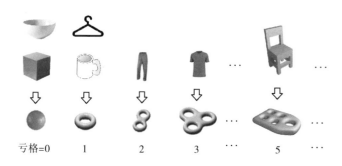

图 6-1-1　不同亏格表示的不同种类拓扑流形

不变量来描述。比如说，我们可以将一坨面团捏成一个甜甜面包圈形状，还可以将它捏来捏去逐渐变形成一个咖啡杯。如果我们想要在变形的过程中保持"拓扑不变"，意味着我们需要保持这坨面团的某个内在性质不变。直观地说，就是需要保持那坨面团的那一个"洞"总是存在，并且不能产生出新的洞。换言之，保持这个拓扑流形的亏格数等于 1。所以，不严谨地说，图 6-1-1 中的流形有几个洞（亏格数），就是图中二维流形的典型的拓扑不变量。

以下纤维丛例子中的"陈数"，也是拓扑不变量。

4. 纤维丛和陈类

纤维丛可以看作是乘积空间的推广。简单乘积空间的例子很多，例如二维平面 XY 可以当作是 X 和 Y 两个一维空间的乘积，圆柱面可以当作是圆圈和一维直线空间的乘积。

纤维丛是基空间和切空间（纤维）两个拓扑空间的乘积。平

面可看成 X 为基底、Y 为切空间的丛，圆柱面可看成圆圈为基底、
一维直线为切空间的纤维丛。只不过，平面和圆柱面都是平庸的
纤维丛（见图 6-1-2a），平庸的意思是说两个空间相乘的方法
在基空间的每一点都是一样的。如果不一样的话，就可能是不平
庸的纤维丛了，比如莫比乌斯带（见图 6-1-2）。

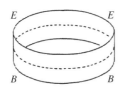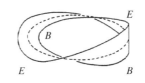

a.圆柱面是平庸的，陈数=0　　　　b.莫比乌斯带是不平庸的，陈数=1

图 6-1-2　纤维丛

有搞笑的人给了纤维丛一个通俗而直观的图象：将人的头作
为基底，头发是纤维，长满了头发的脑袋则是纤维丛。

如上所述，纤维丛有平庸和不平庸之分，纤维丛的这个拓扑
性质可以用以数学家陈省身命名的"陈类"来分类。比如，可用
一个不变量——第一陈数，使其为 0 或非 0，来表征图 6-1-2 中
的圆柱面和莫比乌斯带纤维丛拓扑性质的不同。陈数可直观地理
解为基空间的点改变时，纤维绕着基空间转了多少圈。从图 6-1-2
可见，相对平直的圆柱面而言，当基空间参数变化一圈时，莫比
乌斯带上的"纤维"绕着基空间"扭"了一圈。

二

经典霍尔效应

至于拓扑是如何与石墨烯沾上边的，还得从霍尔效应讲起。霍尔效应种类繁多，已经繁衍成了一个大家族，我们先来介绍它们的老祖宗——经典霍尔效应。

经典霍尔效应是埃德温·霍尔（1855—1938 年）于 1880 年发现的，说的是磁场中的通电导体，会受到力的作用。现在看来，这是一个用高中物理就能理解的事实。这个力产生的原因如今也不难用洛伦兹力来解释。然而，在 100 多年前霍尔的年代，下这个结论可不是那么容易的。那时候，麦克斯韦刚刚建立电磁理论，人们对原子结构也还懵懵懂懂，电子尚未被发现。即使是麦克斯韦这样的电磁理论奠基人，也对自己理论中的这个细节看走了眼，他认为通电导体在磁场中受到的力是作用在导体上的机械力，而不是作用在电流上的电磁力。

不过，当年的无名小子霍尔不信邪，他对麦克斯韦的结论产生了怀疑，并且进行了严谨仔细的实验，经过许多次实验的失败和教训后仍锲而不舍，最终成功地观察到之后以他的名字命名的霍尔效应。他发现，通过金箔的电流在磁场里确实受到了磁场的作用，并因此产生了一个方向与电流和磁场都垂直的电压，这个电压被后人称为"霍尔电压"，见图6-2-1。

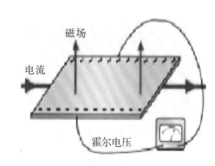

a. 金属的霍尔效应

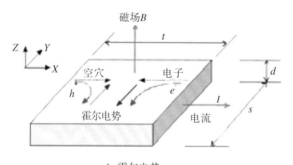

b. 霍尔电势

图6-2-1　霍尔效应

实际上，在电子被发现之前，很难真正理解经典霍尔效应产生的本质，这也是为什么在当时，即使连麦克斯韦也会认为"只有机械力作用在导体上，没有力作用在电流上"。这里人们说的是"电流"而不是"电子"，那是因为当时大家还不知道电子为何物，完全不清楚金属的导电机制是由于其中自由电子的移动

而造成的。汤姆森发现电子是在霍尔效应被发现的 20 年之后的
1897 年的事情。

在发现电子以后，随着对金属及半导体材料导电机制研究的
不断深入，对霍尔效应的理解也不断加深。在麦克斯韦电磁理论
的框架下，经典霍尔效应变得很容易解释。在磁场中运动的电荷
受到洛伦兹力，会使得金属中运动的自由电子产生一个额外的横
向运动，在与原来电流垂直的方向堆积起来，形成一个横向电压。
这个电压便是霍尔电压，它阻止电荷的继续堆积，最后起到与洛
伦兹力平衡的作用。

电子的发现给予我们比较清晰的原子图象，得出金属能形成
电流是因为其中的电荷移动所致。然而，整体的金属是电中性的，
电荷包括带负电荷的电子，以及原子核中带正电荷的质子。那么，
电流到底是因为电子流动而形成的，还是因为原子核运动而形成
的呢？大多数人都会得出结论：那当然是质量小得多的电子在移
动。但这个结论来源于直观猜测，如何再用实验来证明这点？

霍尔效应便为我们提供了这样一个实验证明。因为霍尔效应
是由于电荷运动而产生的，运动的是正电荷还是负电荷，它们受
到的洛伦兹力的方向是不同的，从而导致霍尔电势方向也不一样。

图 6-2-1a 所示的是金属中自由电子移动而产生的霍尔效应，
即磁场、电流及霍尔电压三者方向之间的关系。但是，如果在半
导体材料中，运动的电荷即载流子，就不一定是电子了，也有可
能是带正电的"空穴"，那时候产生的霍尔电压的方向便有所不
同。因此，我们可以借助霍尔效应研究半导体中的载流子，确定
掺杂后的半导体材料中的载流子类型到底是空穴还是电子，也可

以进一步测量载流子的浓度。

假设在某种半导体材料中，电流为 X 方向，磁场施加在 Z 方向，那么，霍尔电压会是什么方向呢？答案取决于材料中的多数载流子是哪一种类型，即是正电荷还是负电荷。让我们分别讨论这两种情况。如图 6-2-1b 所示，一种情形是，如果 X 方向（图中向右）的电流是因为电子的运动而引起的，带负电荷的电子则是往左运动，这时作用在电子上的洛伦兹力是在 –Y 的方向。另一种情形是，如果电流是因为带正电的空穴的运动而引起的，空穴运动方向与电流一致，即往右运动，这时作用在空穴上的洛伦兹力也是在 –Y 的方向。也就是说，无论导电机制是空穴还是电子，洛伦兹力的方向都是一样的。因为电子和空穴它们所带电荷符号相反，运动方向也相反，两个相反互相抵消，造成了最后横向运动的方向相同。

不过，横向运动方向相同，并不等于霍尔电压方向相同。而恰恰因为载流子所带电荷的符号不同，使得这两种导电机制形成极性相反的霍尔电压。正因如此，我们便能够根据实验中霍尔电压的极性来确定材料中载流子的类型。

利用洛伦兹力来解释霍尔效应，可以推导出霍尔电阻是正比于磁场、反比于导体中的载流子密度。因此，经典霍尔效应除可以用于研究材料中的载流子种类外，还可以测量载流子浓度、制成磁传感器等。此类霍尔器件被用于检测磁场及其变化，已经在各种与磁场有关的工业场合中得到大量应用。

霍尔在非铁磁性材料中发现常规霍尔效应后，又于 1880 年在铁磁性金属材料中发现了反常霍尔效应。所谓"反常"是指当没有外磁场存在时，通电流的铁磁性金属材料体内也会产生一个横向电压。这个现象令人迷惑，因为金属中霍尔电压的产生被解释为电子受到的洛伦兹力，既然没有外磁场，就没有洛伦兹力，也就无法用洛伦兹力的概念来解释反常霍尔效应。所以，反常霍尔效应至今尚未有一个统一的理论解释。一般认为，它与正常霍尔效应在本质上是完全不同的，不能仅仅用经典电磁理论，而需要结合量子理论中自旋和轨道相互作用等概念来解释。

至今为止，距离霍尔效应的发现已经有 140 多年。其间对各种霍尔效应的研究一直连续不断。特别是在 20 世纪 80 年代发现量子霍尔效应之后，更多霍尔效应的家族成员相继被发现，成为凝聚态物理中的一大热门课题。

霍尔电压也经常被人称为"横向电压"，以区别于沿电流方向的驱动电压。横向电压的大小与磁感应强度 B 和电流强度 I 的大小都成正比，而与金属板的厚度 d 成反比。

根据横向电压和纵向电流 I 之比，我们可以定义一个横向的霍尔电阻 ρ_{xy}。这个电阻应该与磁感应强度 B 成正比，即在经典霍尔效应中，ρ_{xy} 与 B 的关系是一条倾斜上升的直线。而一般的纵向电阻 ρ_{xx} 呢，则应该是一条与磁场没有什么关系的水平线（见图 6-2-2a）。

前文说了，霍尔当年是用金箔做实验的，观测到的是金属的霍尔效应。如果用不同掺杂情况的半导体薄片，将会得到不同的结果。于是，后人便尝试用不同的材料、不同的厚度，在不同的环境下，使用不同的温度和磁场，来不断地研究霍尔效应。试来试去，试了100 年，终于试出了一个完全不同的另类霍尔效应。

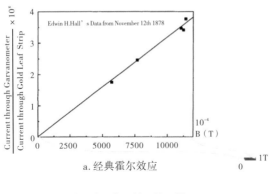

a. 经典霍尔效应

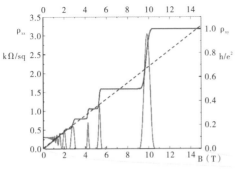

b. 整数量子霍尔效应

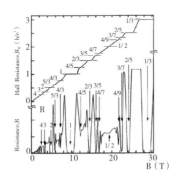

c. 分数量子霍尔效应

图 6-2-2　霍尔效应大家族

三

量子霍尔效应

量子霍尔效应是在 1980 年被德国物理学家冯·克利青
（1943— ）发现的，他因此获得了 1985 年诺贝尔物理学奖。

比较图 6-2-2a 与图 6-2-2b、图 6-2-2c，很容易看出量子
霍尔效应与经典霍尔效应的区别。经典霍尔效应中霍尔电阻 ρ_{xy}
与磁场 B 的直线关系被图 6-2-2b 中更为复杂的曲线所代替。后
者测量的横向霍尔电阻曲线中出现了一个一个的"平台"。纵向
电阻 ρ_{xx} 的表现和原来经典情况大相径庭，经典霍尔效应中的纵
向电阻（实际上就是在通常意义上定义为电压、电流之比值的普
通电阻）是一个常数，而在量子霍尔效应中则表现出上下剧烈地
震荡。

从图 6-2-2b 还可以看到，这些平台并不是随便出现的，它
们出现在一定的数值，与一系列的整数值相对应，并且横向霍尔
电阻平台的数值不取决于实验所用的材料和条件，只由两个基本
的物理常数决定：代表量子效应的普朗克常数 h 和代表电子的电
量 e，即表达式 h/e^2。这个表达式正好是电阻的量纲，它的数值

大约是 $25813\,\Omega$。……霍尔电阻平台的高度出现在这个数值的整数倍的倒数处，在图 6-2-2b 中分别用 n=1，2，3，……来表示。最高那个（n=1）的高度应该是 $1 \times h/e^2$，第二个是 $1/2 \times h/e^2$，第三个可能是 $1/3 \times h/e^2$，然后是 $1/4 \times h/e^2$，$1/5 \times h/e^2$，……换言之，霍尔电阻平台的数值是等于 h/e^2 除以一个整数 n。每一层平台都对应一个整数 n。因为量子平台值与整数关联起来，所以这种现象被称为"整数量子霍尔效应"。

也就是说，在量子的情况下，当磁场连续增大时，霍尔电阻 ρ_{xy} 的变化却不是连续的。它增加到某一个数值后便停住不动，只有当磁场继续增大到另外某个数值时，曲线值才又突然跳跃到另一个新的数值。如此一直下去，平台越来越宽，跳跃越来越高……霍尔电阻跳跃式的变化，正是物理学家们经常提到的量子的基本特征，也只有运用量子理论才能解释它。这个现象令物理学家们激动不已：在貌似枯燥无味的实验数据中，居然隐藏着如此美妙动人的量子韵律！

再看看纵向电阻 ρ_{xx} 的变化。在经典情形下，纵向电阻平行于 B 轴，即它有一个固定的数值，并不随磁场变化，这点与我们的常识一致，通常的电阻应该与磁场无关。而在量子情形下则大不一样。仔细观察 ρ_{xx} 的曲线，发现它并不是随机地震荡，而是服从一定的规律：每当霍尔电阻 ρ_{xy} 出现平台的时候，电阻值 ρ_{xx} 便会突然降低变成 0。这个特点也颇为神奇，因为电阻为 0 意味着电流能够无阻碍地通过导体。

读者也许会问：为什么冯·克利青在 1980 年能观察到霍尔电阻的平台，而 100 年前的霍尔观测到的电阻却只是一条直线呢？说到底当然是归功于 100 年来实验技术的发展进步，经典霍尔效应使用金箔，在当年的技术条件下，金箔做得再薄，与现在单层原子的石墨烯材料也有天壤之别，因而观察到的现象也只能算是三维金属中的霍尔效应。最重要的区别是实验条件：冯·克利青的实验室能观测到量子霍尔效应，最关键的条件是"深低温和强磁场"。冯·克利青的量子霍尔效应是在绝对温度 1.5 k（–271.65 ℃）、磁场高达 19.8 T 时得到的，而经典霍尔效应当初是在常温下、磁场大约为 1 T 时被观测到的。

实验条件的差别还反映在图 6-2-2a 和图 6-2-2b 的横坐标上。横坐标标志的是实验时磁场的大小，图 6-2-2a 是霍尔当年的原始数据，图 6-2-2b 是冯·克利青的数据。图 6-2-2a 的整个横坐标的磁场范围大约是 1 T，只是图 6-2-2b 中起始的一小段。如果我们仔细观察图 6-2-2b 中这一小段曲线，就会发现：那一段的实验结果中，ρ_{xy} 是线性的，ρ_{xx} 是常数，与经典霍尔效应的结果完全一致。

冯·克利青使用的材料，是在半导体材料金属 – 氧化物 – 半导体场效应晶体管中形成的一个薄层——二维电子气反转层，一般只有几纳米厚。在这个薄层中，电子在与薄片垂直的 Z 方向被完全束缚住，却可以在薄片中二维（X，Y）地自由移动，这种结构在深低温及强磁场之下表现出许多奇特的量子行为，量子霍尔效应便是其中之一。

1982 年，位于美国新泽西州茉莉山的贝尔实验室的美籍华裔物理学家崔琦和美国物理学家霍斯特·施特默，在更低的温度 0.1 k（–273.05℃）及更强的磁场（高于 20 T）下，用载流子密度更高的材料（高电子迁移率场效晶体管结构）研究二维电子气，得到比整数量子霍尔效应曲线更为精细的台阶，在更强磁场下研究量子霍尔效应时发现了分数量子霍尔效应，其霍尔电阻不仅是量子化的，而且是常数 h/e^2 除以某一个分数。第一个被观测到的分数态是1/3态，之后接近100个分数态被观测到。

图6-2-2c是分数量子霍尔效应的霍尔电阻曲线。图中可见，除整数平台外，还有很多分数平台，故称之为"分数量子霍尔效应"。不论分数、整数，物理学家们将这两种霍尔效应统称为"量子霍尔效应"。

四

石墨烯中的霍尔效应

整数和分数量子霍尔效应都是在二维电子气中观察到的，说明量子霍尔效应对二维结构可谓情有独钟。那么，如今我们有了石墨烯这一类真正的二维晶体，电子在它上面又会跳出何种精彩的霍尔舞蹈呢？

当海姆第一次从石墨中分离出石墨烯后，便迫不及待地用实验证实了石墨烯的整数量子霍尔效应，并发现石墨烯中的量子霍尔效应与当年标准的量子霍尔效应结果有所不同[①]（见图6-4-1）。同样在2005年，另一个实验团队观察到了石墨烯的分数量子霍尔效应[②]。

从图6-4-1可见，石墨烯的整数量子霍尔效应中，霍尔电阻 ρ_{xy}（或电导 σ_{xy}）没有 $n=0$ 的平台，它的量子化条件可被描述为：

$$\sigma_{xy} = \pm g_5 \left(n+1/2 \right) e^2/h = \pm v e^2/h$$

① K. S. Novoselov, A. K. Geim, S. V. Morozov, et al., "Two-dimensional gas of massless Dirac fermions in graphene," *Nature*, 438（2005）: 197-200.

② Y. Zhang, Y. W. Tan, H. L. Stormer, et al., "Experimental Observation of Quanhm Hau Effect and Berry's Phase in Graphene," *Nature*, 438（2005）: 201.

在这里：

$$v=g_5（n+1/2）$$

对应朗道填充因子 $v=\pm 2$，± 6，± 10，± 14，……的平台，在图 6-4-1 中看得很清楚。与一般的整数量子霍尔效应比较，石墨烯的量子化条件多了一个半整数，其原因是来自石墨烯在狄拉克点的相对论效应及电子和空穴的简并对称性。

图 6-4-1 左上角的小插图显示的是双层石墨烯的整数量子霍尔效应。

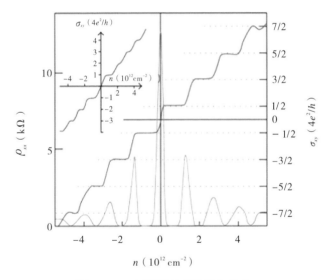

图 6-4-1　石墨烯的整数霍尔效应

石墨烯的量子霍尔效应有一个非常特别的优越性：它在常温下就能发生！大部分的量子霍尔效应只在低温下，即低于绝对温度 4.2 k（–268.95 ℃）才能被观察到。而石墨烯由于在狄拉克点附近的电子是无质量的相对论费米子，使得石墨烯载流子具有极高的迁移率，这个性质从低温到常温没有表现太大的变化，以至于在常温下也照样观测到石墨烯的量子霍尔效应（见图6-4-2）[①]。

常温量子霍尔效应对制造电子器件十分重要，因为不需要使用液氦进行制冷，推广应用比较容易，这个优点使石墨烯成为下一代电子设备的首选。

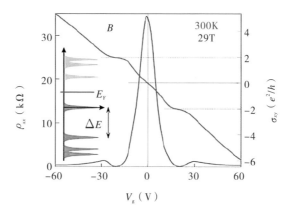

图6-4-2 常温下石墨烯的量子霍尔效应

石墨烯的量子霍尔效应确实很特殊，但到此为止，似乎仍然与拓扑学扯不上任何关系。诸位别着急，我们先回过头去再稍微探索、解释一下量子霍尔效应，弄明白那些电阻平台是如何产生的。

① K. S. Novoselov, Z. Jiang, Y. Zhang, et al., "Room-Temperature Quantum Hall Effect in Graphene," *Science*, 315（2007）: 1379.

五

"冰糖葫芦"模型

在此，我们简单说明量子霍尔效应产生的原因，更为详细的解释则请参阅文献[①]。

为了更好地理解量子霍尔效应，我们先重温一下高中物理学过的电子在磁场中的经典运动情形。

一个在均匀磁场中运动的经典二维电子，其所受到的磁力（洛伦兹力）遵从右手规则，处处与其运动方向垂直（见图 6-5-1a）。由于磁力不对电子做功，因此电子的速率保持不变，但运动方向则不断改变，这意味着电子将保持回旋的圆周运动，回旋半径与它的初始动量有关。有趣的是，如果我们不详细考虑电子在圆周上的线速度，而只用其旋转的角频率 ω_c 来表示它的运动的话，就可以暂时隐藏起这个讨厌的初始动量，因为回旋角频率只是一个与电子的荷质比及磁场强弱有关的量。也就是说，磁场中的经典电子跳着一种回旋率随着磁感应强度 B 增大而增大的经典回旋舞，如图 6-5-1b 所示。

---

① 张天蓉：《电子，电子！谁来拯救摩尔定律》，清华大学出版社，2014，第 41-60 页。

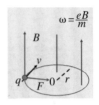

a. 电子所受磁力

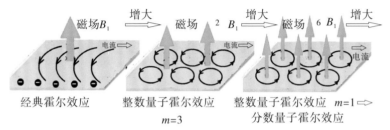

b. 随着磁感应强度增大，磁通量子增多，
从经典霍尔效应到量子霍尔效应

图 6-5-1　电子在磁场作用下的回旋舞

如果在电子运动的二维平面上还存在电场的话，电子便会在跳回旋舞的同时，又在电场库仑力的作用下在二维平面上移动，这就是解释经典霍尔效应的理论基础。

如图 6-5-1b 的左图所示，如果磁感应强度 B 的数值比较小，电子还来不及回旋一周就已经来到金属片的边界的话，便在边界处积累起来，形成霍尔电势，产生经典霍尔效应。

如果磁感应强度 B 增大，电子回旋的角频率增大，电子转半径更小的圈，如图 6-5-1b 的中图所示，电子开始跳起回旋舞，产生整数量子霍尔效应。

从前文的叙述可知，量子霍尔效应的特点就是霍尔电阻图上一个一个的平台。平台表示不连续，即霍尔电阻是一份一份地跳跃增加的，是上楼梯，不是爬斜坡。这种"不连续""一份一份"，本来便是物理学中量子的基本特征。整数量子霍尔效应可以用我们介绍过的能带理论、费米能级等概念来粗略地说明。

"电子回旋舞"是一个经典类比，从量子的观点来看，电子的回旋舞会有哪些不同之处呢？

尽管在一定磁场下经典电子回旋舞的角频率 ω_c 是固定的，但是它们的能量却可以随回旋半径而连续改变。但跳着回旋舞的电子的能量是不能连续变化的，其变化间隔只能是其角频率 ω_c 的整数倍。

每个电子都在各自跳着舞，却并不总是对电流有贡献，只有费米能级附近的电子才对电流输运做出贡献。标志整数电阻平台特征的参数 n，可以被理解为二维电子系统中的电子数 N 与磁通量子数 N_ϕ 的比值，即 $n=N/N_\phi$。

因为电子是在二维材料上跳回旋舞，两个邻近回旋圈的电流互相抵消了，所以回旋的结果是使得材料中间部分电流为 0。只有边界上的电子，它们不能形成完整的回旋，最终只朝一个方向前进，所以在量子霍尔效应中只有边缘电流。

量子霍尔效应需要考虑的量子化有两个方面：一是电子运动的量子化，由此而得到了朗道能级。二是磁场的量子化。磁场在系统中产生了磁通量，当磁场与电子相互作用时，这个磁通量也应该是量子化的。换言之，总磁通量可以被分成一个一个的磁通量子，每一个磁通量子的磁通量等于 h/e，这里的 h 是普朗克常数，e 是电子电荷。尽管磁场的磁感应强度看起来是连续变化的，但是对每个电子来说，只有当影响它运动的磁通量成为磁通量子的整数倍的时候，电子的波函数才能形成稳定的驻波量子态。

也就是说，在一个面积有限的二维系统中，设总的电子数是 N，磁通量子数是 N_ϕ，它们的比值 N/N_ϕ 便对应整数量子霍尔效应中的那个整数 n。

例如，在图 6-5-1b 的中图中，有 6 个电子和 2 个磁通量子（$N=6$，$N_\phi=2$），相当于每 3 个电子分享 1 个磁通量子，对应整数量子霍尔效应的平台 $n=6/2=3$。

如果磁场的磁感应强度增大，磁通量子多起来，达到 1 个磁通量子被更少的电子数分享，n 便会减小。在图 6-5-1b 的右图中，6 个电子分享 6 个磁通量子（$N=6$，$N_\phi=6$），因此得到 $n=6/6=1$。

那么，如果磁场的磁感应强度继续增大的话，又会发生什么情形呢？那就是说，每个电子将分到比 $n=1$ 更多的磁通量子。这时候的 N_ϕ 大于 N 而使得 $n=N/N_\phi$ 成为一个分数，应该可以得到比 1 更小的 n 的数值，如 1/2、1/3 等。也就是说，得到分数量子霍尔效应了！

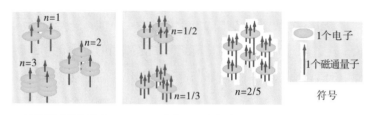

a. 整数量子霍尔效应　　　b. 分数量子霍尔效应

图 6-5-2　量子霍尔效应的"冰糖葫芦"模型

实际上，即使是磁场小于 $n=1$ 时，也是可能观察到分数量子霍尔效应的，那种情况下电子数 N 与磁通量子数 N_ϕ 的比值 N/N_ϕ 是某个大于1的分数而已。所以，有人通俗地用图 6-5-2 "冰糖葫芦"模型的图像来比喻量子霍尔效应中电子与磁通量子数目的分配关系。

如图 6-5-2a 所示，将一个电子表示成一个山楂（图中的绿色圆饼），穿过电子的磁通量子用一根竹签表示（图中的蓝色箭头）。从图 6-5-2 可见，整数量子霍尔效应中每个磁通量子所穿过的电子数便等于整数量子霍尔效应中的整数 n。

当 $n=1$ 的时候，1 个磁通量子穿过 1 个电子；当 $n=2$ 时，1 个磁通量子穿过 2 个电子，然后依此类推。

现在来看分数量子霍尔效应的情况。霍尔效应中的分数平台是在总电子数目不变、磁场的磁感应强度增大的情况下被首次观察到的。经过 $n=1$ 的平台之后，如果还继续增大磁场的磁感应强度，磁通量子数也将增加，"竹签"过多，"山楂"不够，即磁通量子数过多，电子数目不够分配，因而出现几个磁通量子共用 1 个电子的情形，如图 6-5-2b 所示。如果 2 个磁通量子共同穿过 1 个电子，在整数量子霍尔效应中对应的整数 n 便成了分数：$n=1/2$；如果 3 个磁通量子穿过 1 个电子，则 $n=1/3$。还有更为复杂一些的情形，比如，如果是 5 个磁通量子穿过 2 个电子，则有 $n=2/5$。

"冰糖葫芦"模型给予分数量子霍尔效应直观图像，但并非完整的物理理论。真正给予分数量子霍尔效应合理物理解释的人，是与发现者崔琦和施特默一起分享 1998 年诺贝尔物理学奖的劳夫林。

整数量子霍尔效应的解释,是基于固体理论中的单电子近似,即电子在晶格原子的周期势场中运动。换言之,单电子近似将异常复杂的多体问题近似成一个电子的问题来研究,未曾考虑电子和电子之间的相互作用。如果使用电子回旋舞的比喻,单电子近似意味着电子跳的是"独舞",每个电子只是单独跳自己的回旋舞,互不相干。

但是,分数量子霍尔效应是在更低温度、更强磁场下得到的,是一种低维电子系统的强关联效应。在这种条件下,电子相互之间的关联不但不可忽略,而且恰恰相反,此种关联对分数量子霍尔效应中分数平台现象的出现起着决定性作用。这就好比所有电子一起"共舞",即跳"集体舞",每个电子除自己的"独舞"外,还和其他的每一个电子跳,因此舞步的模式会复杂许多。

我们也可以用电子回旋舞的比喻来理解图 6-5-2 中各种量子霍尔效应对应的"冰糖葫芦"模型。比如,图 6-5-2a 的整数量子霍尔效应表明电子的"独舞"模式:如果 $n=2$,1 个电子用 2 种方式独舞。图 6-5-2b 的分数量子霍尔效应表明电子的"共舞"模式:如果 $n=1/2$,2 个电子用 1 种方式共舞;如果 $n=1/3$,3 个电子用 1 种方式共舞;如果 $n=2/5$,就比较复杂了,5 个电子用 2 种方式共舞。

再仔细看看图 6-5-2 的"冰糖葫芦",读者一定会恍然大悟,这个模型不就与拓扑联系起来了吗?

分数量子霍尔效应($n=1, 1/2, 1/3, \cdots\cdots$)之间的不同可以直观地用这些基态简并电子集体运动模式的不同来描述,好比是这些电子在跳着各种复杂的集体舞，每一种分数量子霍尔态对应一种集体舞模式。例如，几种简单模式可以用本讲开始介绍过的拓扑中的亏格数来表示，见图 6-5-3。

图 6-5-3　分数量子霍尔态对应的拓扑

通过有趣的"冰糖葫芦"模型，我们初步认识了石墨烯及各类二维材料中的电子回旋舞与拓扑图象的关系。不过，我们这里用以比喻的"电子回旋舞"，指的是按照空间运动跳的电子轨道之舞。二维材料中最精彩的电子回旋舞是通过"自旋"跳出来的，更为准确地说，是"自转加公转"的模式，或者用物理学的术语来描述，叫作"自旋和轨道的耦合作用"，这种舞步与拓扑有着更密切、更本质的关系。

六

电子自旋舞

在本书第二讲介绍量子力学时，描述过电子自旋的基本性质。

电子具有三个重要属性——质量、电荷和自旋。在晶体类物质中运动的电子，质量被有效质量所代替。对石墨烯而言，狄拉克点附近的有效质量为 0，造成了石墨烯超高的电子输运性能，这点在前文中已有介绍。电子的电荷是电子一个重要的物理量，电子（或空穴）作为电荷的载体在外电场的作用下运动，形成电流，因而成了电子元件工作的基础。至于电子的自旋，相对而言在工程上的应用就比较少了。

尽管电子学的发展和应用已有 100 多年的历史，但是电路和电子器件中所利用和研究的基本上只是电流，也就是电荷的流动，与自旋完全无关。几十年来，电子学固然功劳巨大，但人类的追求永无止境，手机的体积小了还想再小，计算速度快了还要更快。摩尔定律登场时，是一个令人欢欣鼓舞的天才预言，40 多年后却似乎成了对电子学的诅咒，好像预言了以硅材料为基础的半导体工业已经快到山穷水尽的地步！近年来，由于巨磁阻现象的发现，人们认识了电子的自旋，研究电子技术的科学家和工程师们又重新兴奋起来。他们想，之前 100 年我们充分利用了电荷这个特性，现在呢，应该是启用自旋的时候了。研究者们希望能利用电子这个神秘的性质，克服瓶颈，走出困境，迎来半导体工业的"柳暗花明又一村"。于是，这便有了近年来对自旋电子学大量的理论开创及实验研究。这门新兴学科试图开发利用电子的自旋输运特性。通过磁场和电场控制自旋，产生自旋极化电流，从而增强电子在外场下运动的自由度，携带比单独电荷更多的信息，以此制造出比现有电子元件更小、更快的电子元件。自旋电子学的研究对应用及纯理论研究都有很大价值，而石墨烯及我们即将介绍的拓扑绝缘体特有的自旋霍尔效应，或许能使这方面的研究取得重大进展。

再重温一下对电子自旋的基本认识，电子是自旋为 1/2 的粒子，说明电子用两种方式跳自旋舞，犹如芭蕾舞演员在自转：或顺时针转，或逆时针转。一般将这两种方式用"上"和"下"来表示，见图 6-6-1a。

自旋和晶体如何作用？从图 6-6-1b 和图 6-6-1c 可见一斑。这两个小图分别是自旋态电子在非铁磁体金属和在铁磁体金属中的能带密度图（与能带图相关但不同）。两个小图的左半部分均是"下"自旋电子的能带，而右半部分则均是"上"自旋电子的能带。

对非铁磁体金属来说，能带密度与两种自旋取向无关。那是因为非铁磁体的物体通电时只有电场，没有任何磁场，电子的自旋态可以等效于一个小磁矩，小磁矩并不直接与固体晶格相互作

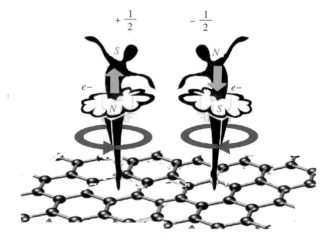

a. 两个自旋态：
"上"和"下"

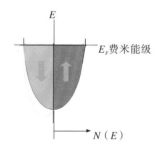

b. 非铁磁体金属中电子的
能带密度与自旋无关

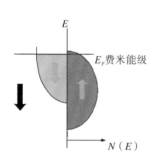

c. 铁磁体金属中能带密度
不同的两种自旋电子

图 6-6-1　电子自旋的性质

用。因此，两种自旋态的电子因晶格散射而感受到的电阻不会有任何差别。好比是顺时针自转的芭蕾舞演员和逆时针自转的芭蕾舞演员，快速游走在许多岗位固定的士兵之间，被士兵们没有区别地撞来撞去，同等对待，无人在意她是在顺时针自转还是在逆时针自转。

然而，在铁磁体金属中就不一样了，那儿的士兵们自己也在快速地顺时针或逆时针自转。士兵们喜欢那些和自己转动方向一致的芭蕾舞演员，碰到时便助以一臂之力，而碰到和自己转动方向相反的芭蕾舞演员时，则一拳将她打回去。电子学中自旋的小磁体就类似于芭蕾舞演员，它们会与铁磁体金属中的磁矩（士兵）相互作用，而使得两种自旋电子能带的态密度产生差异。由图 6-6-1c 可见，铁磁体金属中两种自旋态的能带产生了移位，表现为左右不对称。特别是在费米能级附近，自旋取向与磁化方向一致的电子数目比较多，而自旋取向与磁化方向相反的电子数目很少，几乎为 0。

因为两种不同的自旋取向在磁性材料中有不同的表现，所以可以利用这点将不同取向的自旋电子分别开来，得到自旋取向单一的自旋电流；也可以和原来的电荷电流做类比，电场的作用使正负电荷往不同的方向移动而形成通常所说的电流；在一定的条件下，电磁场的综合作用可以使得"上""下"自旋电子按照不同的方向移动而形成自旋极化电流。利用这种自旋电流的优越性来重振电子工业，这正是自旋电子学研究的初衷。

概括而论，电荷电流与电场密切相关，而自旋电流与磁场的作用更为贴近。例如在我们现有的计算机技术中，逻辑运算部分多用电流，储存部分使用磁性，但两者基本是分开的。如果将电荷电流与自旋电流结合在一起应用，似乎能更好地模拟人类大脑的功能，如此制造的计算机就会更快、更有效了。

自旋电子学使用电荷加自旋，可获得一个四状态系统，比两状态系统具有更高的数据传输速度，提高了处理能力和存储密度，增加了存储容量。电子自旋为存储及操纵信息提供了一个额外自由度，因而也可能被用于量子计算和量子通信器件，实现一种完全不同的计算技术。

石墨烯为单原子层结构，自旋特性简单可调，可能是自旋电子学中很有前途的材料。荷兰一个团队从 2007 年就开始对石墨烯在室温下自旋输运进行研究，如今他们已经在石墨烯磁化可调、延长自旋寿命等方面取得可喜的进展。这些成果计划应用于集成电路，开启了石墨烯自旋电子学的大门。

霍尔效应大家族

量子霍尔效应的实际应用困难是它需要一个十分强大的磁场。但是，在霍尔效应的经典家族成员中，也有两个成员是不需要外加磁场的，其一就是霍尔自己在发现正常霍尔效应三年之后在铁磁物质中观察到的反常霍尔效应；其二则是很早就被理论预言，但直到 2004 年才被实验证实的自旋霍尔效应。既然已经有了这两个不需要外加磁场的经典家族成员，就应该有可能观察到它们的量子对应物：量子反常霍尔效应和量子自旋霍尔效应。

没有磁场的量子霍尔效应源自美国物理学家霍尔丹在 1988 年的预言。后来，美国宾夕法尼亚大学的查尔斯·凯恩教授于 2005 年第一个在理论上设想了量子自旋霍尔效应，并认为其有可能在单层石墨烯样品中得以实现。美籍华裔物理学家张守晟教授则于 2006 年提出在 HgTe/CdTe 量子阱体系中，有可能实现量子自旋霍尔效应。

后来的研究表明，石墨烯中的自旋轨道耦合作用很小，不易观测到量子自旋霍尔效应。而张守晟所预言的 HgTe/CdTe 量子阱体系中的量子自旋霍尔效应，很快便被一个德国研究团队的实验所证实。后来在石墨烯和硅烯中也观察到量子自旋霍尔效应。中国科学院院士薛其坤带领的团队，2013 年在世界上首次发现了量子反常霍尔效应。

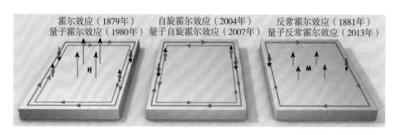

a. 量子霍尔效应　　　b. 量子自旋霍尔效应　　　c. 量子反常霍尔效应

图 6-7-1　霍尔效应大家族的三重奏

量子自旋霍尔效应的优越性是不需要外加磁场，如图 6-7-1b 所示。足够大的自旋轨道相互耦合，可以替代外加磁场的作用，产生边缘电流。不过这里的边缘电流与前文所说的量子霍尔效应的边缘（电荷）电流不同，这里是自旋电流。在量子自旋霍尔效应中，电子的两种自旋"上"和"下"，产生两股方向相反的运动，因而形成总电荷电流为 0，但边缘的净自旋流却不为 0。电子以新的姿势非常有序地跳"回旋舞"，上自旋的电子和下自旋的电子面对面地移动，但各行其道，互不干扰，产生两股自旋流。

量子自旋霍尔态与拓扑有何关系？要明白这点，最好先了解一下拓扑绝缘体。

石墨烯和拓扑绝缘体

前文介绍的量子霍尔效应和量子自旋霍尔效应，都形成边缘电流。另一类与边缘电流密切相关的物态是拓扑绝缘体。

在某种意义上可以说，拓扑绝缘体是在量子自旋霍尔效应的基础上发展起来的，它的概念可以扩大到三维材料。拓扑绝缘体最直观的性质就是其内部为绝缘体，而表面却能导电。就像一个绝缘的瓷碗，镀了金之后，便具有了表面的导电性。不过，这是两种本质上完全不同的表面导电性。镀金后表面的导电性，对瓷碗来说是外加的，会随着镀金层的损坏而消失。但拓扑绝缘体的表面导电不是材料表面的性质，而是源自其本体的内禀性质，所以杂质和缺陷都不会影响它。

换言之，拓扑绝缘体的体内绝缘、表面导电特性的根源是来自体材料的能带拓扑结构，并不是因为表面涂了一层某种导电材料。将原来的表面切去，新的表面仍然会导电，因为体材料的能带拓扑结构是不会改变的，它的拓扑性质保护着表面的导电性永远存在。

那么，拓扑绝缘体的能带结构到底是怎样的呢？既然是绝缘体，能带结构不就应该是像图 4-4-1 中所画的那种上面导带、下面价带、中间隔着宽宽的禁带的形式吗？

拓扑绝缘体和普通绝缘体类似，导带和价带间能隙很宽，但它们的区别是能带的拓扑不一样。比如，普通绝缘体能带的拓扑是如图 6-8-1 中右下图所示的环形，而拓扑绝缘体的导带和价带互相纠结起来，如图 6-8-1 中左下图所示的打不开的绳结形态。绳结的具体形态及其形成的原因可能会因材料的不同而不同，但绳结与绳圈具有完全不同的拓扑，不将绳结剪开后重新连接，就不可能过渡到普通绳圈的形状。

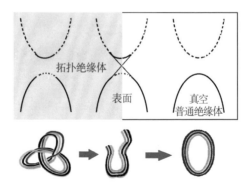

图 6-8-1　拓扑绝缘体

所谓拓扑不同的一个例子是能带反转。对于普通晶体材料而言，孤立原子中电子能级的 s 轨道分裂形成导带，p 轨道形成价带，导带在上，价带在下。但在某些特定情况下（例如张守晟所预言的 HgTe/CdTe），强烈的自旋 – 轨道耦合效应把 p 轨道分裂的某些轨道推到了 s 轨道之上，于是形成了能带反转。

图 6-8-1 直观展示了能带反转的拓扑绝缘体表面电流的形成。图中阴影部分表示拓扑绝缘体，白色部分是外部真空或普通绝缘体（真空属于普通绝缘体），阴影与白色的界限代表拓扑绝缘体表面。能带图中的价带用实线表示，导带用虚线表示，在右上图的普通绝缘体中，实线与虚线截然分开；而在左上图的拓扑绝缘体中，价带顶和导带底附近，有一段实线与虚线互换了，标志着拓扑绝缘体内部的能带反转。界面的左边是拓扑绝缘体的反转能带，右边是普通的正常能带，能带图要如何变化才能从反转能带过渡到正常能带呢？就像绳结变成绳圈一样，一定要在界面处剪断后重新连接才行。对能带图而言，就是导带和价带之间增加了两条斜线，这意味着界面上的电子有了从价带跃迁到导带的通道，界面变成了导体，这就是拓扑绝缘体表面导电的原因。

拓扑绝缘体所提及的拓扑，与材料本身在真实空间的拓扑形状是完全无关的，与材料晶体的空间构形也无关，而是波矢空间中能带图的拓扑。看看图 6-8-1 中界面的能带图，我们会感觉似曾相识：那不就是石墨烯能带图中的狄拉克锥吗？实际上，也正是因为石墨烯狄拉克锥的特殊能带结构启发了物理学家们的思维，使他们首先想到在石墨烯中寻找量子自旋霍尔态。

图 6-8-2 列出了石墨烯、量子霍尔态、量子自旋霍尔态和普通绝缘体等四种物态在费米能级附近的能带图。

图 6-8-2b 是量子霍尔态（或拓扑绝缘体）的能带图，导带和价带在费米能级附近的形状接近抛物线，类似于普通绝缘体，但由于边缘态的存在而导电。在图 6-8-2b 中，量子霍尔态的边缘态是一条连接导带和价带的直线。因此，量子霍尔态在低能态

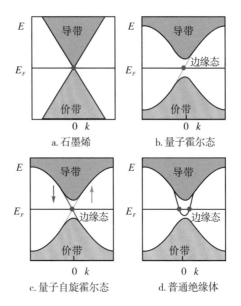

图 6-8-2　石墨烯等四种物态的能带图

附近的行为和石墨烯相仿，能量 – 动量关系也是线性的，也存在无质量的相对论性准粒子。

　　普通绝缘体也可能产生边缘态而形成边缘导电，但却和拓扑绝缘体的边缘态有着本质的区别。图 6-8-2d 画出了普通绝缘体的能带。图中的边缘态曲线与费米能级相交，意味着在普通绝缘体中可以存在边缘电流，但这种边缘导电性是不稳定的，边缘态曲线可以缩回去消失不见，因为没有拓扑保护。不像图 6-8-2b 和图 6-8-2c 所示两种量子效应下的边缘态是一条直线，直通通的从上到下将导带和价带绑到一起。也可以用一句话来概括：普通绝缘体与拓扑绝缘体边缘态的拓扑结构不同。前者的拓扑结构是平庸的，而后者则是非平庸的，后者的导电性能受其拓扑性质所保护。

第七讲

新型材料

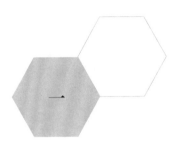

石墨烯的制备方法

石墨烯通过胶带粘贴石墨而被发现，但这并不是一个得到大量优质石墨烯的好方法。

生产石墨烯有很多方法，总的来说可以分为物理方法和化学方法，也可以按照产生的过程分成另一种意义上的两大类："自上而下"和"自下而上"。前者所说的是通过分离或分解石墨而得到石墨烯；后者所说的是基于小分子化学反应来共价地连接构建 2D 网络结构，即从小到大地产生石墨烯。当年海姆采用的就是"自上而下"的物理剥离法。

1. 机械剥离法

胶带粘贴可以归于此类。机械剥离技术还包括超声、球磨及应用流体动力学的方法。即使是当年的 Geim 团队，号称用胶带粘出石墨烯，也不是那么简单的。实际上，他们先是用氧等离子束在高取向热解石墨表面刻蚀出宽 20 μm ～ 2 mm、深 5 μm 的槽面，并将其压制在附有光致抗蚀剂的二氧化硅／硅（SiO₂/Si）基底上，焙烧后再用透明胶带反复剥离出多余的石墨片，最后才挑选出厚度仅有几纳米的石墨烯层。

机械剥离的方法简单，产品的质量高，但效率低，成本高，得到的石墨烯尺寸较小，不适合大规模生产。

2. 化学气相沉积法

化学气相沉积法是应用最广泛的一种大规模工业化制备半导体薄膜材料的方法。其原理是反应物质在气态条件下发生化学反应，生成固态物质沉积在加热的固态基体表面，进而制备出固体材料。

让加热后的甲烷气体（CH₄）通过铜箔（Cu）表面，铜箔使得碳原子（C）和氢原子（H）从甲烷中分离，其中的碳原子在铜箔表面沉积而形成六边形结构的石墨烯二维晶格。最后，移去铜箔得到单层石墨烯。这种方法可制备出面积较大的石墨烯片，如图 7-1-1 所示。

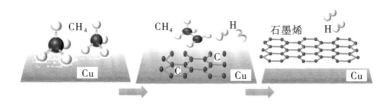

图 7-1-1　化学气相沉积法示意图

韩国三星电子曾经使用这种方法，获得对角长度30英寸（约76.2 cm）的单层石墨烯，显示出此方法是最具潜力的大规模生产方法。2017年，美国能源部的阿贡国家实验室开发了一个应用金刚石衬底材料通过超高速化学气相沉积法制备单晶石墨烯的技术，日本研究者则开发出在低温下直接将石墨烯生长在塑料或二氧化硅基底上的化学气相沉积法。这些进展提高了化学气相沉积法制备出的石墨烯的质量，并大大降低了石墨烯膜的生产成本。

长在铜箔上的石墨烯是不能直接用的，必须设法把它撕下来，转移到所需要的衬底（通常是塑料薄膜）上。可以想象的是，把只有一个原子层的石墨烯撕下来，放到其他衬底上谈何容易，这也是石墨烯薄膜实际应用的巨大挑战。据说西班牙的Graphenano公司是全世界做石墨烯转移最厉害的企业，他们害怕技术泄密，公司内部的人从来不跟外界接触。中国发明了更为实用的热水转移技术，利用70℃的热水，加上一些技术诀窍，就可以把石墨烯薄膜成功地转移到目标衬底上，方法绿色环保且简单易行。下一步的技术挑战是制造批量转移装备，实现成批量的石墨烯薄膜转移，难度也很大。回过头来再看看"生长"出来的石墨烯质量，小尺寸的"生长"问题不大，单晶畴区尺寸已经超过厘米级。但是，放大之后的单晶畴区尺寸很难做大，能上百微米级就算不错了。还有速度问题，长一片厘米级的大单晶需要数小时甚至十几小时，导致成本非常高，这也是石墨烯薄膜"生长"领域的挑战性课题。快速制备大单晶石墨烯是人们追求的目标，直接涉及最终的材料成本。中国的研究者们在这些领域做了大量的基础研究探索，基本上代表着国际前沿。

3. 外延生长法

所谓外延生长法，即在一个晶格结构（衬底基片）上，通过晶格匹配，生长出一层有一定要求的另外一种晶体的方法。这种方法犹如将原来的晶体向外延伸了一层，故称外延生长法。与石墨烯的其他制备方法相比较，外延生长法获得的石墨烯具有较好的均一性，并且，由于外延生长技术本来就是在 20 世纪 50 ～ 60 年代发展于集成电路的制作工艺中，因此以此方法制备石墨烯可以与集成电路技术兼容。

外延生长法可根据选取衬底的不同而分类，图 7-1-2 是用外延生长法在碳化硅（SiC）上生长石墨烯层的示意图。

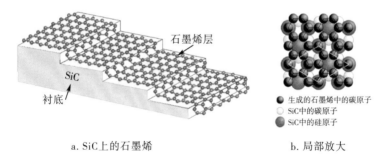

a. SiC 上的石墨烯　　　　b. 局部放大

图 7-1-2　SiC 外延生长法示意图

在 20 世纪 90 年代中期，人们就发现 SiC 单晶加热至一定温度后，会发生石墨化现象。2004 年，美国乔治亚理工学院 Walter A. de Heer 教授的研究小组首次提出用 SiC 外延生长法制备石墨烯。他们以 SiC 单晶为衬底，利用氢气在高温下对 SiC 的刻蚀效应，使衬底表面形成具有原子级平整度的台阶阵列。

然后，在超高真空、表面温度 1400℃以上的环境下，使衬底表面的碳原子发生重构而形成六方蜂窝状的石墨烯薄膜（见图7-1-2）。

除了选择 SiC 作为衬底，常用以制备石墨烯的外延生长法还有金属催化外延生长法。此法使用的是具有催化活性的过渡金属基底（比如铜），在超高真空条件下将碳氢化合物通入金属表面，铜表面的碳原子被吸附而脱氢，排列成晶格而得到石墨烯。

与 SiC 外延生长法比较，金属催化外延生长法制备的石墨烯多为单层，质量高，易于转移，但形貌和性能受到金属衬底的影响较大。外延基底的选择并不限于这两种，世界各地的研究者们仍在努力地研究和探索中。

4. 氧化石墨还原法

氧化石墨还原法是先将石墨与浓硫酸、高锰酸钾、盐酸等氧化剂进行强氧化反应制成氧化石墨，然后再还原成石墨烯薄片。把石墨制成氧化石墨的方法早已有之，最早可追溯到牛津大学化学家本杰明·布罗迪在 1859 年的工作中发现的方法。

具体操作过程如图 7-1-3 所示。先在强氧化剂条件下，将石墨粉氧化剂混合并用磁力搅拌等方法制备成氧化石墨。氧化石墨与石墨的区别是：石墨被强氧化后，在其各层边缘含有羧基、羟基等，而层间含有环氧基及羰基等含氧基团。这些基团的插入使得石墨中层与层之间的距离增大到原来间距的两倍以上，即从 0.34 nm 扩大到约 0.78 nm。然后将经过力学分离（例如超声波）

处理后的氧化石墨溶解于水或其他有机溶剂中，以使氧化石墨容
易在溶剂中分散成均匀的单层或双层氧化石墨烯溶液。氧化石墨
烯虽然已经剥离成单层片状，但是其上仍然含有不少剩余的含氧
基团。再用水合肼一类的具强碱性和吸湿性的还原去氧液体处
理，最后制备出充分剥离的、单层或少层的石墨烯。

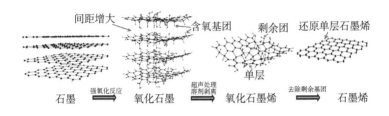

图 7-1-3 氧化石墨还原法示意图

　　氧化石墨还原法是当前热门的石墨烯制备方法之一。将大的
块状结构的石墨，先制成石墨粉，再制成氧化石墨，最后得到单
层石墨烯，方法简便且成本较低，可以制备大批量的石墨烯。但
这种方法的缺点是最后得到的石墨烯产品的质量不够高。经过强
氧化剂完全氧化过的石墨并不一定能够完全还原到单层完美晶体
结构的石墨烯，因而将导致其一些物理、化学等性能降低。

　　虽然这种方法的最终产品仍不是纯粹的石墨烯，但是在整个
制备过程中得到的不同副产品及衍生物还是引起了研究者们的兴
趣。比如，表面含有大量含氧基团的氧化石墨烯，具有不少特殊
的性能，可开发出不少实际应用（见下一讲）。此外，氧化石墨
还原法也为制备出与石墨烯不完全相同的其他纳米复合材料提供
了理论依据及实验制备的新方法。

5. 电化学法

电化学法是一种"自上而下"的化学制备方法。也就是说，从块状的石墨开始，用化学方法最后得到石墨烯。实际上，因为石墨烯就是石墨中的一片，不同的制备方法利用不同的机理，但最终目的都是为了使石墨中层与层之间的距离加大又加大，最后分崩离析，散开成石墨烯片。

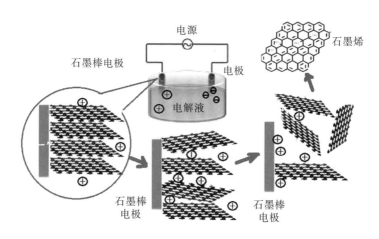

图 7-1-4 电化学法示意图

如图 7-1-4 所示，将两根（或一根）高纯的石墨棒插入电解液中。电解液中的阳离子和阴离子在电场力的驱动下分别向阴极和阳极移动，进入石墨电极的层与层之间，使得石墨层间距增大，从而减弱了层间作用力，离子与石墨层中的 π 电子结合，石墨棒逐渐被腐蚀，形成功能化的石墨烯片。最后再用无水乙醇洗涤，干燥后即可得到石墨烯。但此方法制备的石墨烯片层一般大于单原子层厚度。

6. 超声波液相剥离法

超声波液相剥离法和电化学法类似，也是主要利用石墨块为初始材料。先将石墨块分散于溶剂中，当溶剂分子被吸附于石墨表面时，辅以超声波震荡，波动的力量拉扯液相中的石墨表层而剥离下来形成石墨烯（见图 7-1-5）。紧接着，新的石墨表面又吸附溶剂分子继续被剥离。整个过程中，石墨块由外向内不断剥离，如同剥洋葱一般，石墨烯片也就不停地产生出来。因为利用的是超声波的机械作用，所以形成的化学氧化物少，石墨烯质量高于电化学法。但仅仅使用超声波液相剥离法，振动剥离需要的时间较长，长时间的受力会将石墨烯振成小块且多层。因此，此方法可以与其他制备方法混合使用。

石墨块　　石墨微观图　　增大层间距离，　　最后散开，
　　　　　　　　　　　　破坏石墨结构　　得到石墨烯

图 7-1-5　超声波液相剥离法示意图

石墨烯的"近亲"

　　"石墨烯"一词，原指单层碳原子结构的二维晶体。不过，这种碳原子构成的正六边形结构能繁衍出许多其他形态，它们各怀独门绝技，受到人们的关注，而且应用广泛，已成为材料学研究中一颗颗闪烁的星星。此外，在实际的应用中，使用的不可能是真正理想的大面积石墨烯，而是面积更小的替代物。因此，我们在此列出一些仍然保持正六边形结构，但又不是理想单层石墨烯的几类变种，可算是二维石墨烯的"近亲"。

1. 多层石墨烯

　　单层石墨烯有不少神奇的电学、光学和力学性质，严格来讲，只有单层石墨烯才是真正意义上的石墨烯。实际上，一般将少于10层碳原子的晶体结构泛称为石墨烯。但是，多层石墨烯的能带结构和性质都与单层石墨烯不同。在对各种层数石墨烯的研究中，发现不少有趣的特性。特别是在可控的条件下，以某种堆垛方式（比如 AA 堆垛、AB 堆垛、ABC 堆垛或 ABA 堆垛等）构成的多层石墨烯，既有灵活的应用价值，也有有趣的理论意义（见图 7-2-1 和图 7-2-2）。

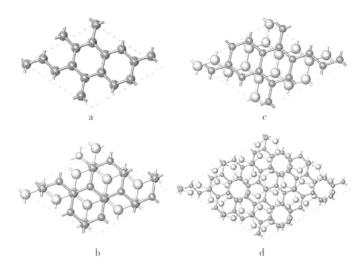

图 7-2-1　双层石墨烯示意图

　　双层石墨烯的两层之间可以有多种不同的堆垛方式，如两层的晶格完全重合，称为 AA 堆垛（见图 7-2-1a）；或者上层石墨烯片的晶格原子刚好位于下层晶格六边形的中心处，称为 AB 堆垛（见图 7-2-1b）；图 7-2-1c 所示的两片石墨烯之间，晶格有一个平行位移；图 7-2-1d 所示的两片石墨烯的晶格，则互相旋转了一个角度。AB 堆垛的双层石墨烯，能带结构不是狄拉克锥，而是回到了碗状的抛物线形。其载流子是有质量的手性费米子，性质与单层石墨烯差别很大。

　　对于三层石墨烯来说，其能带结构就更复杂了，性质也各不相同。图 7-2-2 中展示的是三层石墨烯的两种堆垛方式。无论是双层的 AA 堆垛、AB 堆垛，还是三层的 ABC 堆垛、ABA 堆垛，都可以反复多次地循环下去，构成更多层的结构。事实上，读者们并不陌生的石墨，就是由多层石墨烯的 ABAB……堆垛重复下去而构成的。但构成铅笔芯的物质中，层数多于 10，所以它只能被称为"石墨"，不能叫作石墨烯。

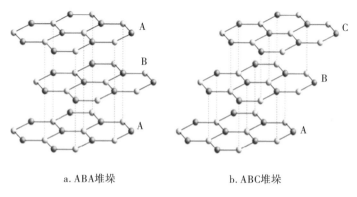

a. ABA堆垛   b. ABC堆垛

图 7-2-2　三层石墨烯的两种堆垛方式

2. 石墨烯纳米带

石墨烯薄膜具有许多特殊的性质，从而产生一个有趣的问题：将它切割成一条一条的带状后，它的性质会如何呢？当石墨烯条带的宽度小于 50 nm 时，便称其为"石墨烯纳米带"。

因为石墨烯纳米带的宽度是纳米级别，所以其可算是一种一维材料。纳米带的理论模型最初于 1996 年提出。石墨烯成为明星之后，纳米带自然也成为研究的热点。由于其宽度可变并具有丰富的边缘构型,使其具有许多不同于二维石墨烯的性质和应用。

　　将石墨烯切成带状,其切割的边缘形状主要可以分为锯齿形纳米带和扶手椅形纳米带(见图 7-2-3)。

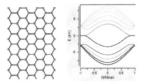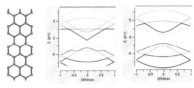

a. 锯齿形纳米带能带显示金属性　　　b. 扶手椅形纳米带能带显示金属性或半导体性

图 7-2-3　石墨烯纳米带示意图

　　采用紧束缚近似模型可计算纳米带的能带结构。锯齿形纳米带具有金属性,而扶手椅形纳米带具有金属性或半导体性,具有哪种性质取决于纳米带的宽度。有研究结果显示,半导体性的禁带宽度与纳米带宽度成反比。也就是说,扶手椅形纳米带较宽时,能隙小,金属性更强。这不难理解,因为更宽的纳米带更接近二维石墨烯。

　　纳米带继承了石墨烯的许多优异性质,比如高电导率、高热导率、低噪声等。这些优良品质促使石墨烯纳米带成为集成电路互连材料的另一种选择,有可能替代铜金属,也有可能制成场效应晶体管、激光器和放大器等电子器件。

3. 碳纳米管

　　石墨烯"近亲"中的另一种一维纳米材料是早于石墨烯问世的碳纳米管。碳纳米管是日本物理学家饭岛澄男在 1991 年使用高分辨透射电子显微镜从电弧法生产的碳纤维中发现的。实际上碳纳米管相当于是前文介绍的石墨烯纳米带在宽度方向卷曲起来形成的。纳米管在半径方向只有纳米尺度，而在轴向则可长达数十微米到数百微米，因而称其为碳纳米管。

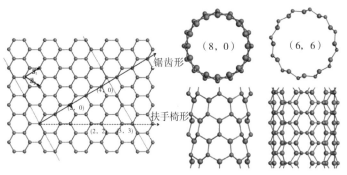

a.石墨烯可按不同方向切割和卷曲　b.锯齿型碳纳米管　c.扶手椅型碳纳米管

图 7-2-4　碳纳米管示意图

如前所说，纳米带卷曲构成纳米管，而由于纳米带有锯齿形及扶手椅形之分，因此卷曲成的纳米管也有两种类型。锯齿形边缘的纳米带卷曲后，其端口是扶手椅形状，被称为"扶手椅型碳纳米管"，见图 7-2-4c；而扶手椅形边缘的纳米带卷曲后，被称为"锯齿型碳纳米管"，见图 7-2-4b。因为碳纳米管和纳米带两种类型的名字刚好反过来，它们的导电特性与图 7-2-3 的描述也反过来：扶手椅型碳纳米管总表现为金属性。

不过，事实上，碳纳米管还不止这两种类型，从二维石墨烯切割成带状再卷曲起来的角度看，卷曲的方向可以有更多种。如图 7-2-4a 所示，除按照图中水平方向卷曲可得到扶手椅型碳纳米管、沿 45° 角卷曲可得到锯齿型碳纳米管外，还可以按照其他任意角度的方向卷曲，得到的碳纳米管的性质与以上两种都可能不同，被称为"螺旋型碳纳米管"。一般而言，不同卷曲角度构成的碳纳米管对应的不同组合值（n，m），可以作为碳纳米管形态的标识。

4. 富勒烯

石墨烯的六边形晶格还可以构成零维结构，如之前提到过的富勒烯。富勒烯是一种完全由碳组成的中空分子，形状可以是球状、柱状、管状或其他形状。富勒烯在结构上与石墨很相似，石墨是由六元环组成的石墨烯层堆积而成，而富勒烯不仅有六元环，还可以有五元环或七元环等。（见图 7-2-5）

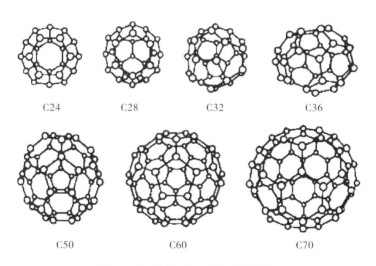

C24　　C28　　C32　　C36

C50　　C60　　C70

图 7-2-5　富勒烯的例子（巴基球）

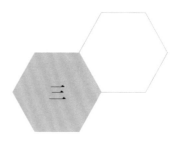

三

石墨烯的衍生物

制备石墨烯的过程中产生的衍生物，或者是故意掺杂等其他方式生成的不完全纯粹的石墨烯，有时候表现出一些出人意料的性质。在此特举数例予以介绍。

1. 氧化石墨烯

实际上，前文介绍的通过氧化石墨还原法制备石墨烯过程中得到的氧化石墨烯，就因其特别的渗透性能而得以广泛应用。也就是说，将石墨与浓硫酸、高锰酸钾、盐酸等氧化剂进行强氧化反应制成氧化石墨，进而通过超声处理将其均匀分散于水中，最后可制成面积与厚度可控的氧化石墨烯薄片。这种方法很简单，制成的氧化石墨烯薄片具有面积大、力学强度较高、均匀等优点，可组装于渗透装置中，是极具前景的环境净化材料。

2. 磁性石墨烯

石墨烯具有化学稳定性、高导电性和极强的强度。但一般来说，它不具有磁性。电性和磁性都是半导体技术中开发超高效微处理器不可或缺的，磁性更是计算机中存储元件的基础。

2015 年，美国加利福尼亚大学河滨分校的科学家们成功开发出具有磁性的石墨烯。他们将一张普通的非磁性石墨烯薄膜放置在磁性钇铁石榴石（YIG）的基底层上（见图 7-3-1），结果成功地将 YIG 的磁性转移至石墨烯上，且并未破坏石墨烯的结构及其他性质。大多数导电磁性物质有可能会干扰石墨烯的超强导电能力，但因为 YIG 是绝缘体，所以它并未影响石墨烯的电子传输性能。经过实验鉴定，石墨烯薄膜最后得到的磁性来源于石墨烯本身，是石墨烯中电子自旋取向被磁性物质改变的结果。

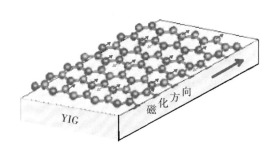

图 7-3-1　石墨烯自旋排列使其显示磁性

3. 石墨烯"三明治"

半导体工业中经常见到"三明治"结构，晶体管发明人之一的肖克利就将他的结型晶体管设计成一个三明治的样式。因为半导体材料掺杂后有 P 型和 N 型，所以便有两种构成"三明治"的方式：NPN 或者 PNP，分别对应两种主要的晶体管形态。20世纪 80 年代后期发现的巨磁电阻效应，也是发生在某种磁性金属和非磁性金属组成的"三明治"结构中。

科学家们也自然而然地要将"三明治"的方法"玩"到石墨烯上。图 7-3-2 便是一例。

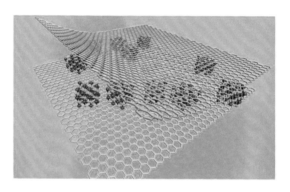

图 7-3-2　石墨烯"三明治"

这是美国莱斯大学研究团队为石墨烯设计的一种纳米级"三明治"结构：在氧化镁纳米团簇上方、下方放置了两片石墨烯。他们对这种材料进行了计算机模拟，结果表明，夹在两片石墨烯中的氧化镁纳米团簇形成了具有独特电子和光学特性的化合物。其或许将适用于敏感分子传感、催化和生物成像的领域。

4. 掺钙石墨烯

在石墨烯中加点别的原子，也应该会改变石墨烯的性质，这也是材料学家们"玩"石墨烯的方法之一。来自日本东北大学和东京大学的研究团队如此"玩来玩去"，得到了一个让他们兴奋的出人意料的结果。实际上，他们也有类似于前文中所介绍"三明治"结构。他们在石墨烯片中插入了一些钙原子后惊奇地发现，这个结构实现了超导性！也就是说，如此构建的材料电阻为0。

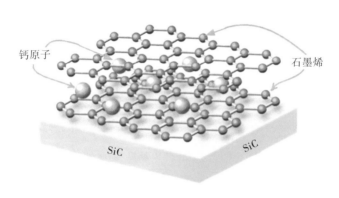

图 7-3-3　石墨烯加钙原子后表现出超导性

电子在石墨烯中没有阻力地通过，便有可能最终制造出节能又高速的纳米电子器件。然而，令人遗憾的是，这种掺钙石墨烯的超导电现象是发生在绝对温度 4K（−269.15℃）左右的条件下。在超低的温度下，这种材料的电导率才会迅速下降，出现超导电性。

不过，在石墨烯研究中也出现了有可能得到"高温超导"的曙光。什么是高温超导？温度多高时石墨烯才能成为高温超导？后面我们将先介绍超导现象的来龙去脉，再叙述 2017 年美国麻省理工学院（MIT）的学者们在双层石墨烯实验中一个饶有趣味的研究结果——发现了石墨烯不同一般的超导现象。

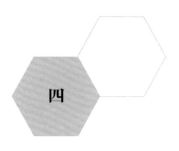

四

超导和石墨烯

众所周知，材料在导电过程中会消耗能量，表现为材料的电阻，电阻越大，消耗能量越多。一般而言，电阻随着环境温度的降低而减小。1911年，荷兰物理学家海克·昂内斯（1853—1926年）发现汞及一些其他金属在低温 4K（–269.15℃）左右时电阻消失变为 0，这被称为"超导现象"。昂内斯因此获得 1913 年诺贝尔物理学奖。后来，美国物理学家约翰·巴丁、利昂·库珀及约翰·施里弗提出了以他们名字首字母命名的 BCS 理论，解释了超导现象的微观机理，之后这个理论被认为是超导现象的常规解释。BCS 理论认为：晶格的振动，即声子，使自旋和动量都相反的两个电子组成动量为 0、总自旋为 0 的库珀对，库珀对如同超流体一样，可以绕过晶格缺陷杂质流动从而无阻碍地形成超导电流。学界认为，BSC 理论基本解释了低温下的超导现象，三位学者也因此获得 1972 年诺贝尔物理学奖。

简言之，超导材料有一个临界温度，在这个温度以下，材料的电阻为 0。（见图 7-4-1）但是 BSC 理论所解释的常规超导现象，一般都发生在接近绝对零度的低温环境下。因为 BCS 理论认为，两两配成库珀对的电子是在低温条件下凝聚而产生的。基于这个解释，美国物理学家麦克米兰根据当年的实验结果和理论分析，预言超导的转变温度可能存在一个上限（40K，即 –243.15℃左右），即所谓的"麦克米兰极限"，超导材料的临界温度可能都在这个上限之下 [①]。

　　超导材料的两个基本特性——零电阻和抗磁性，使其有了不少实际应用。零电阻的材料，通过电流却不消耗能量，当然是人们制造电子器件求之若渴的材料。抗磁性又称为"迈斯纳效应"，它的意思是说，将一个处于超导态的超导体放置于磁场中，它内部产生的磁化强度将与外磁场完全抵消，从而令内部的磁感应强度为 0。也就是说，磁力线完全被排斥在超导体外面，这也是实际应用中磁悬浮的基本原理。

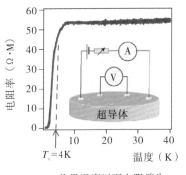
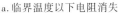

a. 临界温度以下电阻消失

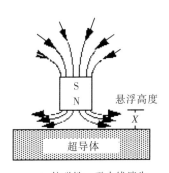

b. 抗磁性：磁力线消失

图 7-4-1　超导基本特性

---

① 黄昆：《固体物理学》，韩汝琦改编，高等教育出版社，1998。

超导的应用领域包括医院里的核磁共振成像、加速器、磁悬浮及核聚变研究等。

日本研制的低温超导磁悬浮列车在 2015 年创造了地面轨道交通工具载人时速 603 km 的世界纪录。日本还于 2014 年批准动工建设磁悬浮中央新干线项目，并计划于 2027 年开通投入运营，充分显示出超导应用的巨大潜力。

超导是 20 世纪最伟大的科学发现之一，但低温超导的应用需要依赖昂贵的低温液体如液氦等来维持低温环境，这导致超导应用的成本急剧增加，难以广泛应用到电源传输等大型工程领域。如超导磁悬浮列车，也期望能受益于高温超导材料的出现。如今超导现象已经被发现 100 多年，长期以来，麦克米兰极限虽然未曾影响科学家们探索超导的热情，但还是成了制约超导体广泛应用的一个主要瓶颈。

大约 30 年前，这一瓶颈终于有所松动，实验上不断发现了麦克米兰极限被超越的事实。

革命性的突破来自 IBM 瑞士公司。瑞士物理学家卡尔·米勒与他的学生即后来任职于 IBM 公司的约翰内斯·贝德诺尔茨于 1983 年开始紧密合作，对高临界温度的超导氧化物进行系统研究。他们于 1986 年在陶瓷材料钡镧铜氧化物中发现临界温度为 35 K（−238.15 ℃）的超导电现象，这在当时已经是临界温度的最高纪录，并且打破了"氧化物陶瓷是绝缘体"的传统观念，在科学界引起轰动。材料学家们蜂拥而上，使用各种不同的化合物，探求更好的材料、更高的临界温度。

1987 年，美籍华裔物理学家朱经武、吴茂昆及中国科学家赵忠贤相继在钇钡铜氧系材料上把临界超导温度提高到 90 K

（-183.15℃）以上，突破了液氮的"温度壁垒"77 K（-196.15℃）。1987 年底，他们又把临界超导温度的纪录提高到 125 K（-148.15℃）。短短一年多的时间里，临界超导温度提高了近 100 K，后来人们将比之原来液氦低温下的超导称为"高温超导"；米勒和贝德诺尔茨的研究成果被更多的实验结果验证，他们也因此荣获 1987 年诺贝尔物理学奖。

高温超导的研究至今仍然是凝聚态物理的重要研究课题。目前发现有三类高温超导体：铜氧化物、铁基和二硼化镁。不过，常规的 BCS 理论无法成功地解释这些物质的高温超导现象。读者还需注意，这里所谓"高温"超导，只是相对于常规超导体的 -270℃的低温超导而言；这里的"高温"，甚至已经低到 77 K（-196.15℃）液氮的温度，但仍然是我们通常意义上的超低温。

2015 年，物理学者发现，硫化氢在极度高压的环境下（150 GPa，也就是约 150 万标准大气压）、温度达 203 K（-70.15℃）时，会发生超导相变，这是目前已知最高温度的超导体。

高温超导的优越性是显而易见的，并因此成为研究热点。超导和石墨烯如今都是凝聚态物理学研究中的热门课题，两条研究道路弯来绕去，难免有时候相交碰撞摩擦出点火花来，这就是 2017 年美国麻省理工学院凝聚态物理学家 Pablo Jarillo-Herrero 研究团队的奇妙发现[1][2][3]。

[1]Yuan C，P. Jarillo-Herrero，et al.，"Correlated insulator behaviour at half-filling in magic-angle graphene superlattices，"*Nature*，556（2018）：80-84.

[2]Yuan C，P. Jarillo-Herrero，et al.，"Unconventional superconductivity in magic-angle- graphene superlattices，"*Nature*，556（2018）：43-50.

[3]Eugene J，Mele，"Novel electronic states seen in graphene，"*Nature*，556（2018）：37-38.

最初，麻省理工学院研究团队并不是为了探究超导，他们的目的是探究双层石墨烯的偏转角度会如何影响石墨烯的性能，并为此设计了一个实验：将两层石墨烯叠加起来，但两层的晶格取向互相旋转一个角度 θ，如图 7-4-2 所示。

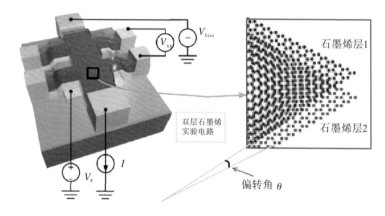

图 7-4-2　双层石墨烯电学性能与相对偏离角关系的实验

当改变角度 θ 时，测到的双层石墨烯电学性能将发生变化，研究者们惊奇地发现了双层石墨烯一个意想不到的特性。当 θ 正好等于一个特别的角度 θ_0（1.1°）时，双层石墨烯居然具有了超导性，这个结果让物理学家们兴奋不已。

进一步的研究表明，石墨烯的超导特性与铜氧化物超导体的特性类似。虽然麻省理工学院研究团队的超导实验结果仍然是在极低温度下得到的，但是他们认为石墨烯的这个超导性在常温下就有可能发生，因为它的微观机理与以上介绍的主流理论（BCS理论）不能解释的"非常规高温超导"现象一致。因此，石墨烯是否高温超导还需要进一步实验的验证。

为什么说麻省理工学院研究团队发现的石墨烯超导特性与铜氧化物超导体的特性类似呢？尽管铜氧化物超导的微观机制仍然是个谜，完整的理论框架尚未建立，但是物理学家们从研究它们的实验结果中也得到不少启发。高温超导中仍然有库珀对存在，并且，超导体的临界温度其实是由电子对密度，即电子对之间相互作用的程度来决定的。

铜氧化物类材料中电子对之间的相互作用很强，其正常态电子运动行为似乎不能用基于费米液体图像的准粒子图像和能带论的知识来理解。尽管高温超导态仍然是由于库珀对的凝聚而出现，但是库珀对可能不是电子 - 声子耦合所致，却可能是电子对之间的相互作用的结果，与莫特绝缘体有关。

固体的能带理论成功地描述了材料的电子特性，使我们得以区分导体和绝缘体。但凡事总有例外，内维尔·莫特和鲁道夫·佩尔斯在 1937 年提出的莫特绝缘体便是对能带理论的一个例外。莫特绝缘体是一种奇特的材料，从能带结构来看，其能带被半充满，应该能导电，是分类在常规能带理论下的导体。但它在特别低温时测量却是绝缘体，其原因可归结于电子对之间的相互作用，这点在常规能带理论上没有被考虑。

低温下的莫特绝缘体之所以表现为绝缘，是因为电子对之间存在强烈的静电作用，使得所有电子对都被封锁而无法流动。然而在某种条件下，莫特绝缘体可能变成导电而出现超导现象。

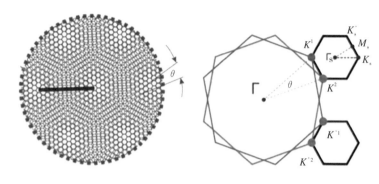

a. 因偏离角出现的莫尔条纹　　　　b. 倒格子中的迷你布里渊区

图 7-4-3　晶格互转的双层石墨烯（来自麻省理工学院文章）

现在考察麻省理工学院实验中所使用的双层石墨烯，由于双层石墨烯的晶格互转了一个角度，改变了晶格结构，图 7-4-3a 所示的是因晶格错位而产生的莫尔条纹；图 7-4-3b 显示的则是波矢空间中布里渊区的变化，图中右边两个小六边形是迷你布里渊区。

现在再来看看能带图的变化，并简单解释为什么超导发生在 1.1° 这个神奇的角度。

据麻省理工学院研究团队的分析，这个神奇的"魔法角"可以根据双层石墨烯能带图相对于角度的变化计算出来（见图 7-4-4）。他们认为，当石墨烯的层与层之间扭转一个角度时，其中的电子轨道将重新杂化而改变杂化能量。杂化能 w 与电子动能互相抗衡和竞争的结果，造就了这个"魔法角"。也就是说，扭转角逐渐增加，杂化能 w 也增加，当费米速度从单层石墨烯中的 $v_0 = 10^6$ m/s，降到等于 0 时，所对应的那个扭转角便是

"魔法角"。这时候正好对应杂化能与电子动能相等，即 $2w = \hbar v_0 k \theta_0$，进一步求得"魔法角" $\theta = \sqrt{3} w \hbar w_0 k = 1.08° \approx 1.1°$。相应的能带图变成几乎平坦的绝缘体能带图，即产生类似莫特绝缘体的现象。因此，绝缘和超导可以互相转换。

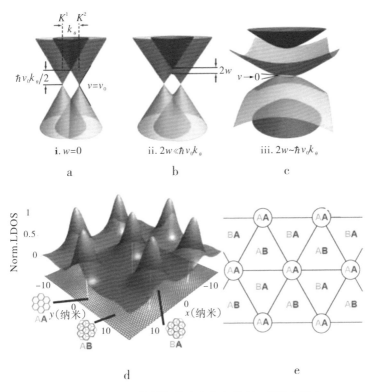

图 7-4-4　双层石墨烯超导（来自麻省理工学院文章）

如果在石墨烯这种结构简单的材料上能实现高温超导，那么其应用和理论研究的价值都是非同小可的，这就是麻省理工学院的这项研究令物理学家们兴奋的原因。

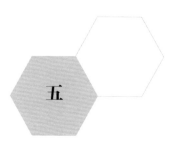

二维材料

材料对社会发展的重要影响与日俱增，如今，材料、资讯与能源被视为现代文明的三大支柱。石墨烯的研发在学术界和工业界掀起一股热浪，将各种二维纳米材料的生产和制造推向高潮。

你有石墨烯，我怎么就不能有别的"烯"呢？石墨烯是一层碳原子排成二维晶格，从而产生了各种神奇特性。那么，别的原子不也能排成二维晶格吗？于是，各个实验室中不断地涌现出石墨烯的许多"表兄弟"，大家族兴旺发达极了！硅烯、锗烯、锡烯、硼烯、氮烯、蓝磷烯、砷烯、锑烯，各种二维的"X 烯"应运而生。

与碳元素性质最相似的元素是什么呢？科学家们很自然地想到了硅，正好，硅又是半导体工业中用得最多的基础材料。硅是14 号元素，外层也是 4 个电子，这些电子可以形成与石墨烯中碳原子外层电子类似的杂化轨道结构。于是，材料学家们便设想创造出一个结构与石墨烯最相似的二维六方晶格的硅原子网，"硅烯"的概念于 2008 年被正式提出。

事实上，科学家在 1994 年就首次模拟了硅二维晶体材料结构，但研究者们首次在实验室中成功制造出具有这种结构的硅单质，却已经是多年之后的 2012 年了，在这个过程中研究者们得到了不少有关石墨烯研究的启发。

它们在制备方法上是可以互相借鉴的，理论上也有不少相同之处。因为硅材料原来的应用特点，不少科学家便尝试将硅烯用于电子零件上。尽管石墨烯的导电能力强于硅烯，但是它缺乏能隙，需要人为地做"打开能隙"的工作，如施加电场、掺杂原子等，才有可能成为制造应用晶体管的材料。而硅烯拥有能隙，它的二维晶格不如石墨烯的平坦，一些原子上扣而使得其中一些电子处于能量略微不同的状态，形成能隙。硅烯的弱点是制备过程较为繁复，制成薄膜后将其与基底分离也很困难。此外，硅原子比碳原子更重更大，原子大影响化学键的稳定性，因此硅烯暴露在空气中时很不稳定，研究者们必须想方设法克服这些困难。

例如，第一次用硅烯制造出晶体管是在 2015 年 2 月，是由意大利和美国组成的研究队伍实现的。他们先将硅蒸气沉积在细小的、上盖有氧化铝的银晶体上，最后把硅烯夹在银、铝间，制出单原子厚的硅烯晶体管。硅烯晶体管体积相当小，比现今的晶体管更能提升芯片效能，且耗能相对较少。但当时的这款硅烯晶体管还不稳定，若硅烯暴露在空气中，2 分钟后就会开始降解，生命周期只有短短几分钟而已。不过，硅烯晶体管的技术由于其潜在的性能和广泛的应用前景，无论在实验还是理论上都吸引着科学家们的研究兴趣。也有科学家突破困难在银基质上制作硅烯纳米带，然后再造出硅烯晶体管，因此硅烯被视为除石墨烯外最有潜力的二维纳米材料。

213

硅和锗是半导体工业中的"兄弟"材料，和碳、硅一样，锗原子最外层电子数也是 4，因此除硅烯外，不少研究者也研究锗烯。锗的 sp^3 杂化轨道比 sp^2 杂化轨道更加稳定，Ge-Ge 键的长度也比 C-C 键的长度要长，形成锗烯比较困难，但实验室中已经通过化学脱嵌方法得到了锗烯。研究发现锗烯是一种化学性质非常活跃的二维结构材料，因此锗烯也有希望成为二维材料领域的佼佼者。理论计算分析指出，二维锗烯比石墨烯和硅烯具有更大的自旋轨道耦合，有可能在常温下实现量子自旋霍尔效应，也许将成为未来信息器件的重要基础材料。研究者们在 2014 年利用分子束外延生长法成功制备了单层起伏的锗烯。

碳元素在元素周期表中还有不少"兄弟姐妹"（见图 7-5-1）。碳族元素及居其左右相邻的硼族元素和氮族元素，都成为二维材料科学家们研究的对象，在此不一一赘述。

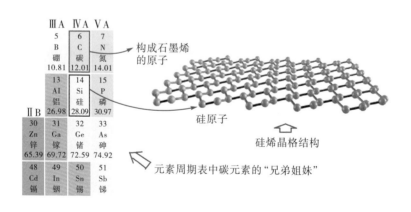

图 7-5-1　石墨烯的"近亲"

新材料必将在未来科技中大有可为，不仅仅是二维材料，也不仅仅是晶体材料，这不由得使人想起一个应用实例：碳纤维材料在半世纪前，似乎只能做钓鱼竿和高尔夫球杆，但它现在已经成为航空航天领域不可或缺的核心材料。

如今，半导体工业的发展正面临着摩尔定律"走向终结"的威胁，探索寻找合适的新材料迫在眉睫。专家们期望，石墨烯超高的电子迁移率能使它在未来电子学产业中具有更大的应用前景。但是，现在是"硅时代"，集成电路的基础材料是硅或砷化镓一类的半导体。读者们从本书前面几讲对能带结构的介绍可知，硅和锗之类的半导体的导带和价带之间都有一个不大的能隙，正是能隙的大小决定了半导体的特性。然而，石墨烯是零能隙材料，导带和价带由狄拉克点连在一起，这个非同寻常的特点解释了石墨烯许多神奇性质的来源，但也极大地限制了石墨烯在电子器件上的应用。

科学家们常想，是否能够将石墨烯加以改造，让其能带结构中形成一定的、可控制的能隙呢？

听起来好像不难，既然零能隙来源于石墨烯的完美晶体结构，那么对石墨烯的完美结构稍加破坏不就产生能隙了吗？事实也的确如此。不过，如何破坏，破坏多少，才能产生能隙而又尽可能地保持石墨烯的高效电子传输特性呢？于是，许多理论和实验上的探索便围绕这个目的展开。一般认为，要想制成具有高开关比的石墨烯场效应管，打开能隙是一个基本条件。

探究了好几年之后，科学家们开发出了若干打开能隙的方法，比如使用物理方法或化学方法破坏晶格、引入杂质或缺陷、利用吸附原子、添加外场或外应力、利用衬底的影响、利用自旋轨道耦合等，在此不一一赘述。

图 7-5-2 所展示的，是单层石墨烯能带与双层石墨烯能带的比较及用外场打开双层石墨烯能隙过程的示意图。

a. 单层石墨烯能带

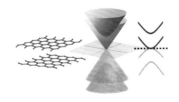

b. 双层石墨烯

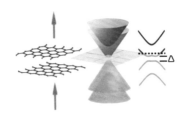

c. 打开双层石墨烯能

图 7-5-2　打开双层石墨烯能隙过程示意图

图 7-5-2a 所示的是单层石墨烯能带图，即其圆锥形导带和价带，它们没有能隙，在一个点上相遇。图 7-5-2b 所示的对称双层石墨烯能带图，也缺乏能隙，但不是锥形，呈抛物线形。在图 7-5-2c 中，箭头所示方向是加在垂直于石墨烯平面的磁场或电场，外场将不对称性引入双层石墨烯，产生可控制的能隙（Δ），即能隙的大小随外场的强弱可调。

实际上，对于单层石墨烯计入自旋轨道的耦合作用，也有可能用外加电场打开能隙。因为外加电场将带来一种依赖动量的自旋劈裂效应，加之其他机制的加强效应，便可能打开能隙。光与石墨烯相互作用的实验表明，光激发也具有打开石墨烯能隙的潜力。

综上所述，打开石墨烯能隙的理论预测和实验方法都有很多种，但到底哪一种效果最佳又切实可行，能够最方便地应用于现有的技术中，仍然是一个需要不断探索和挖掘的问题。

六

三维石墨烯

如何利用二维石墨烯的优良特性？研究者们绞尽了脑汁，有人将二维材料降低到一维、零维，如前文介绍过的碳纳米管、富勒烯等；也有人如麻省理工学院研究团队将二维扩展到三维，声称造出了"三维石墨烯"。尽管这个名称有一定的"哗众取宠"之嫌，但是构造出来的新材料毕竟有其独到之处，所以我们也不妨考察一下这个三维石墨烯究竟是何方神圣。

石墨烯薄膜具有特别的力学性能，如图 4-1-1a 所示，石墨烯可以做成极薄极轻的吊床，因为它的强度比世界上最好的钢铁还要高 100 倍。然而，钢材是三维材料，二维的大面积石墨烯很难被制备出来，即使制备出来了，也无法发挥像钢材一样的三维用途。那么，是否有可能将片段的二维石墨烯或是其衍生物堆积成三维材料，使其具有一部分石墨烯强大的力学性能呢？石墨烯材料的强度源于正六边形中的强 σ 键，堆积制造出来的三维材料只要还保存足够多的正六边形强 σ 键，就应该能达到一定的强度。

也许有人会说,石墨烯堆积成三维,那不就又变回石墨了吗? 那倒也未必,石墨烯是否变回石墨取决于如何堆积它们。石墨没有任何能与钢铁相比较的强度,那是因为石墨中的石墨烯一层一层排列得过于整齐了,层与层之间只有非常弱的 π 键,如此规则的扑克牌似的重叠方式,造成了石墨柔而不刚的特性。而麻省理工学院研究团队采取了完全不同的堆积方法,他们在石墨烯的合成过程中加大了热量和压力,用 3D 打印机将小片石墨烯压缩到一起,产生了类似于珊瑚那种复杂海绵状的结构,即多孔的三维石墨烯(见图 7-6-1)。根据麻省理工学院校方 2017 年 1 月的报道,这种三维石墨烯材料密度只是钢的 5%,强度却达到了钢的 10 倍。

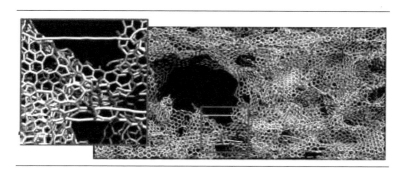

图 7-6-1 3D 石墨烯

有趣的是,麻省理工学院研究团队在制造多孔 3D 石墨烯的过程中悟出了一个道理:最重要的也许并不是材料本身,而是由此开拓了一种合成新型超强和轻质材料的基础模型。这些材料的基材不必局限于石墨烯,甚至可以用其他材料进行尝试。重要的是几何模型,而不仅仅是材料本身。

有关 3D 石墨烯的应用研究很多。因为单原子层石墨烯薄膜的应用范围毕竟有限，所以美国加利福尼亚大学洛杉矶分校及韩国的研究团队致力 3D 石墨烯的研究，已经分别制造出 3D 石墨烯的电极材料，并试图用作锂电池的电极以改进锂电池的充电性能。

第八讲

应用和前景

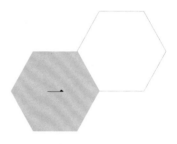

能源材料

　　石墨烯因为具有许多独特的性质而引起各领域人士的热切关注，特别是在开发出一些有可能大规模制造石墨烯及相关产品的技术后，多种应用设想如雨后春笋般出现，涉及石墨烯的专利项目每年都在大幅增长。石墨烯的应用研究有望带来一场技术革命，继而改变这个世界，改变我们的生活！

　　下面我们按照石墨烯的主要特性，简单介绍一下它可能的应用领域。

　　储能是石墨烯应用的重要领域之一。随着人们对能量的需求越来越大，需要发展既符合环保标准、储存能力大，又能快速充电、放电的能源。石墨烯材料具有超高的电子输运性能，使其具有高功率密度和快充特性。因为电能的储存必然伴随着充电、放电，在石墨烯材料的参与下，充电、放电过程将更为快速。目前，石墨烯在储能领域的典型应用包括电池和超大电容。

　　电池在现代文明中的作用不言自明。特别是它们可以用作移动电源，包括目前人人离不开的手机等便携式电子产品中的锂离子电池，以及将成为主要环保运输工具的电动汽车需要的铅酸电池，等等。电池原理各种各样但万变不离其宗，其本质都是将化学能转化为电能，大多数移动电源需要重复充电、放电，人们希望石墨烯能加速这个过程。不过，媒体及一些公司目前所宣扬的所谓"石墨烯电池"，其名字容易误导人们，因为电池一般是以其产生化学反应的主体来起名字的。实际上，这种电池还是原来的锂离子电池或铅酸电池，只不过在电极材料中掺用了一定的石墨烯材料，用以帮助提高电池的导电能力而已。的确也有少数科研团队在研究真正的石墨烯电池或电容器，但直到 2018 年，添加石墨烯材料而且研制成功的电池范例中，基本不存在什么石墨烯电池；而且，目前宣称的"石墨烯电池"里所加的材料也不是单层石墨烯，而是石墨烯粉末，或者是多层石墨烯。

例如，媒体 2017 年底报道的"三星开发出石墨烯电池"，实际上指的是三星集团开发出了一种被称为"石墨烯球"的材料。也就是说，他们把在 SiO_2/Si 基底上沉积长出多层的石墨烯制成了石墨烯球，然后将很少量的这种材料用于锂电池中作为电极，从而提高了锂电池的体积能量密度和快速导电性能。

许多将石墨烯用于电池中的实验仍然处于研发阶段。比如，有不少研究团队正在研究与石墨烯有关的锂离子电池阳极材料。

如今广泛使用的锂离子电池与最早的使用金属锂的锂电池不同。因为金属锂具有不稳定性，曾经一度造成锂电池的安全问题。锂离子电池不使用金属锂，由正负电极、隔膜和电解液构成，安全性基本可以保障。第一批锂离子电池是索尼公司于 1991 年生产的，目前已成为最有前途和市场的电池。从手机、照相机、电

223

动工具到特斯拉汽车，都大量使用这种电池。

锂离子电池一般用含锂的氧化物（均含有 Li⁺）作为正极（或称阴极），用焦炭或石墨作为负极（或称阳极），用电解质作为导体。充电时，锂离子通过电解质从正极移动到负极；放电时则反之。

锂离子电池的负极材料负责接纳锂离子，对电池的性能至关重要，是提升锂离子电池性能的关键。因此，研究者们常常试图用其他材料来代替石墨。

美国加利福尼亚大学洛杉矶分校研究团队制成了一种多孔架构的三维石墨烯材料，用这种材料作为锂离子电池的负极，不仅可使锂离子的渗透更为快速，还具有石墨烯片层的超大比表面积和出色导电性，提升了锂离子的交换和导电性。

韩国研究团队也发明了一种可提升锂离子电池性能的三维石墨烯材料。与常规锂离子电池相比，含有此材料的锂离子电池充电速度更快，且电容量不会降低。

另一种想法是用硅基材料代替石墨。2018 年初，英国华威大学制造工程系（WMG）的研究团队合成了一种锂离子电池阳极材料，他们把它称为"硅 - 高质量薄层石墨烯（Si-Few Layer Graphene，Si-FLG）复合电极"，并将其作为锂离子电池阳极石墨的替代品。其原理是将少层石墨烯薄片掺到硅基阳极中，成功并有效地在硅和电解质之间形成隔板，使得电池在每个充电周期之间保持硅粒间的分离（见图 8-1-1）。采用该阳极结构能大幅提升电极的循环特性、电极电阻及扩散特性，延长电池的使用寿命。

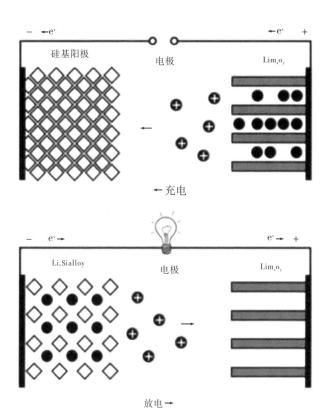

a. 锂离子电池的充电、放电过程

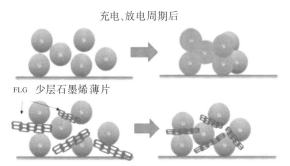

b. 加到硅粒中的少层石墨烯薄片

图 8-1-1　锂离子电池和石墨烯

石墨烯可以制造轻质、耐用且能大容量储能的电池，并缩短充电时间，保持充电容量，延长电池的使用寿命，这些优越性对电动车至关重要。

此外，由于石墨烯几乎完全透明的良好光学性能，使其在太阳能电池行业也有广阔的应用前景。这种透明导电薄膜具有非常宽的光谱吸收范围和很高的光电转化效率，适用于制造太阳能电池。2017年，美国麻省理工学院研究团队开发出一种柔性透明的石墨烯太阳能电池，可以被安装于各类物质，如玻璃、塑料、纸张等的表面上。人们期望，最终能制造出一种覆盖面广泛的廉价太阳能电池，就像报纸印刷机印刷报纸一样，能卷成卷运往各地。

石墨烯既能导电又能透光，两种性能俱佳，使它在透明电导电极方面有非常好的应用前景。有机光伏电池、液晶显示、有机发光二极管等，都需要良好的透明电导电极材料。常用的电导电极材料是氧化铟锡（ITO），脆度高，容易损坏，机械性能无法与石墨烯媲美。但用石墨烯替代氧化铟锡需要解决价格上的问题，因此，大面积、连续、透明、高电导率的少层石墨烯薄膜的制备研究非常重要。

虽然有某些类型的电池能够储存大量的能量，但是它们非常大、非常重并且只能缓慢释放能量。而超级电容器更是能够快速充电、放电，但其储存的能量比电池少得多。石墨烯在这一领域的应用为储能提供了令人兴奋的新的可能性，其充电、放电率高，甚至经济实惠。因此，石墨烯的改进模糊了超级电容器和电池之间的传统差异。石墨烯电池和超级电容器的结合使用可以产生惊人的效果，如提高电动汽车行驶里程和效率等。

二

电子器件

电子工业是石墨烯最大的应用领域，包括石墨烯射频标签、石墨烯电磁干扰屏蔽、石墨烯生物传感器、气体和湿度传感器等在电子元器件中应用的产品。石墨烯常温下的电子迁移率超过 $15000\ cm^2/（V\cdot s）$，比碳纳米管或硅晶体都高；电阻率仅约 $10^{-6}\Omega\cdot m$，比铜和银还低。因此，石墨烯被期待用来发展出更薄、导电速度更快的新一代电子元件或晶体管。

因为石墨烯具备超薄结构及优异的物理特性，所以人们希望它能在场效应管方面展现诱人的应用前景。研究发现，石墨烯场效应管拥有更低的工作电压，其电子迁移率和空穴迁移率分别达到 $5400\ cm^2/（V\cdot s）$ 和 $4400\ cm^2/（V\cdot s）$，比传统半导体材料如 SiC 和 Si 的都高很多。但石墨烯制造逻辑开关电路场效应管的致命问题是其本征能隙为 0，并且在费米能级处其电导率不会像一般半导体一样降为 0，而是达到一个最小值，这使得石墨烯场效应管始终处于"开"的状态。

构成集成电路芯片的器件中约 90% 器件源于硅基互补金

属氧化物半导体，而硅基互补金属氧化物半导体技术的发展在 2020 年已达到其性能极限，原因是随着晶体管尺度的缩小，器件加工的均匀性问题变得越来越严重。采用传统的微电子加工技术，目前最好的加工精度约为 5 nm。随着器件尺度不断缩小，对应的晶体管通道的物理长度仅为十几纳米。

2016 年，作为石墨烯光子学中石墨烯一体化的重要一步，欧洲石墨烯旗舰公司研究团队展示了石墨烯如何为电信波长的硅光电探测提供简单的解决方案，如图 8-2-1a 所示。

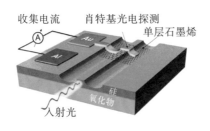

a. 基于石墨烯的肖特基光电探测器装置　b. 第一个石墨烯芯片（IBM 2014）

图 8-2-1　石墨烯应用于电子器件

图 8-2-1 展示的为 2014 年 IBM 研究团队宣称制作成功的世界上首个多级石墨烯射频接收器。他们利用主流硅互补金属氧化物半导体工艺制造出这款全功能石墨烯集成电路，并成功地进行了文本信息收发测试。据说 IBM 研究的这个石墨烯接收器由 3 个晶体管、4 个电感器、2 个电容器和 2 个电阻组成，性能比以往的石墨烯集成电路好 1000 倍，达到了能与应用硅技术的现代无线通信能力相媲美的程度。

已有不少高等学校、大企业开展了石墨烯半导体器件的研发。韩国成均馆大学研究团队开发出了高稳定性 n 型石墨烯半导体。美国哥伦比亚大学研究团队研发出了石墨烯－硅光电混合芯片。IBM 研究团队开发出了频率性能极佳的石墨烯场效应晶体管，其截止频率可达 100 GHz，在相同的栅极长度条件下，远远超过最先进硅晶体管 40 GHz 的截止频率。

目前，石墨烯在电子器件方面的应用研究还包括导电油墨、散热器件、射频识别、智能包装、触控屏、传感器等。

但是，石墨烯是否真能全面地与硅媲美，还需要时间来验证。

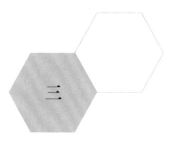

既柔又刚的超薄材料

除特异的电学性能外，作为一种应用材料，石墨烯有其独特之处，它具有超强的力学、热学性能，是一种完全透明的柔性材料。人们多少年前就希望将来的计算机屏幕能不再像目前的这种冷冰冰、硬邦邦的形态，而应该发展成可以卷曲起来随身带着到处走的东西。此外，还有电子书、电子纸、柔性触摸屏、智能布料、透明手机、弯曲手机，以及未来可以直接使用在衣服布料中的可穿戴产品的柔性屏幕和电源等，琳琅满目，可以罗列一大堆。

石墨烯具备用作触摸屏材料的优越条件，既能导电又是透明的、可卷曲的，这是石墨烯最大的优势，的确令人振奋。现在的导电玻璃在这些方面绝对比不上石墨烯，除导电性和透明度不及石墨烯外，最要命的缺点是导电玻璃没有柔韧性，一掰就碎了。但是，石墨烯的劣势是目前价格太贵，缺乏市场竞争力。因此，石墨烯能否广泛应用到通信领域，还取决于能否找到大规模生产高质量石墨烯的方法。

可穿戴产品是一种新兴产品，未来市场的潜力巨大。石墨烯材料的柔韧可卷性在其中将大有可为。比如，用于医疗和保健目的的可穿戴产品需要多种传感器一类的电子设备，将人体的温度、脉搏、血压等信息感知并快速传递出来，以达到监测的目的。"传感"可以说是石墨烯的拿手好戏，想象一下便不难明白这点。因为石墨烯是又轻又薄又强、比表面积又大的一个二维网格，网格上布满了"裸露"的碳原子，很容易感知周围环境的任何微小变化，即使是一个气体分子吸附或释放也可以被灵敏的石墨烯传感器检测到。得到信息后，旁边的相对论性 π 键电子又能够很快地将变化信息传递到接收器。基于石墨烯材料的传感器既可检测来自人体各部分肌肉的电信号，用来驱动机械手，也可以用到假肢上。此外，任何可穿戴产品都需要电源，用石墨烯做成柔性可弯曲的电池，不仅方便安装在被监控老年人穿的衣服上，还不用担心安全问题，因为这种柔性电池可能水洗。而基于石墨烯的柔性Wi-Fi接收器则是柔性电子器件和生物医学设备的理想选择。

利用石墨烯的柔性进行模块化集成，还有可能制成具有更为复杂功能，但又超薄而柔性的电子移动器件，有助于家庭及办公室的自动化。

四

轻质的超强材料

石墨烯可作为一种轻质的超强材料，用于生物医药、交通运输和航空航天等领域。例如，英国曼彻斯特大学的石墨烯研究团队与 BAC 汽车企业合作试验的石墨烯超级汽车非常引人注目，因为以石墨烯为基础开发的汽车结构部件比碳纤维复合材料更轻、更坚固，提高了能量利用效率。这种轻质高强的石墨烯复合材料将来也可以推广应用到材料的重量及刚性都至关重要的航空航天领域。此外，目前基于石墨烯开发的汽车碰撞检测系统在可见光和红外光下都能工作，因而可以避免任何天气条件下的碰撞，对自动驾驶很有用处。石墨烯还可以运用到军事领域，用以制造防弹头盔、防弹衣和防弹装甲等。

作为一种全碳材料，石墨烯具有很好的生物相容性，可以用作药物载体或智能治疗的可植入技术中的植入物等。

五

环境净化

重金属及其他有害物质对水体的污染日趋严重，净化水质是关系国计民生的大事。即使不谈污染，水资源短缺也仍然是全球现在面临的严峻问题，统计资料表明，全世界有近三分之二的人口将会面临水资源紧张的情况。所以，水的净化问题一直是科研的热门。

活性炭被广泛用于化工、电子、医药、食品、生活及工业用水等的净化过程中，因为它具有多孔性固体表面，能够吸附水中的有机物或有毒物质，使水得到净化。针对这种吸附净化功能，同样基于碳元素的石墨烯则拥有更大的优势，特别是当用于净化水资源时，不需要理想的单层石墨烯、氧化石墨烯及其他能大量生产的材料，更具吸引力，并且如今在这方面的研究已经初见成效。

石墨烯拥有独特的二维结构和孔径分布，以及相当大的比表面积，表面的性质还可以通过修饰来进行调整，具有良好的吸附金属离子性能，吸附简单易行、效率高。但是单层石墨烯表面没有活性基团，仅能通过范德瓦耳斯力吸附重金属离子。而氧化石墨烯这种衍生物，表面含有大量的含氧基团，在水中带负电，容易吸附大多数重金属阳离子。所以，可以进一步改进氧化石墨烯的结构，增强静电吸引作用，形成吸附效果更好的新化合物，在重金属离子的吸附方面具有重要的研究价值和应用前景。

也可以利用材料的渗透作用来净化水源。原始石墨烯本来是非常致密而不可渗透的，因为它的π轨道形成的电子云阻挡了环内的空隙，使得即使是半径很小的氦分子也不能通过。然而，科学家们发现石墨烯与水的相互作用有些让人困惑。对水排斥的石墨烯薄膜，在一定的条件下能形成许多毛细通道，从而可以让水快速渗透。另外，研究者们也采取在石墨烯薄膜上打上亚纳米级别孔的办法，来形成可过滤薄片。孔径的大小可预先控制调节好，比如设计它们的大小只让水分子通过，而阻挡其他更大的盐分子、重金属杂质分子等杂质，达到净化水的目的（见图 8-5-1）。

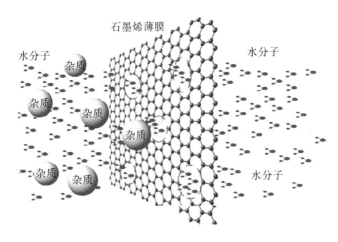

图 8-5-1　石墨烯类材料用于水净化

前文介绍过，地球上的水资源面临短缺的危机，但总的来说地球上并不缺水，只不过大部分是无法直接饮用的海水。要知道，海水占了地球水体的 97%，如果有方便廉价的方法能将海水的高盐分过滤掉而变成可饮用水，人类便不再有淡水资源危机。

石墨烯相关的产品也许能派上用场。2018 年初，澳大利亚联邦科工组织的研究团队开发出了一种新型的使用可再生大豆油制成的石墨烯过滤膜，他们将这种在石墨烯基础上特制的材料命名为 Graphair。据说 Graphair 是一种由微纳米管组成的纯碳薄层，其纳米通道只能让水分子通过，排除盐和各种较大的污染物颗粒。

他们的新技术相当高效，甚至可以直接将悉尼港采集的水样过滤得能够直接饮用。新型材料 Graphair 滤膜简单、廉价且易于制造，有望淡化海水，解决人类淡水资源短缺的问题。

六

生物医学

石墨烯可应用于细菌检测和诊断器件等与生物医学有关的领域。有中国科学家发现，石墨烯氧化物对抑制大肠杆菌的生长十分有效，因而有可能将石墨烯作为一种抗菌物质应用于医疗器件或食品包装等方面。

试图在生物医学方面应用石墨烯的研究很多，这里仅以DNA测序为例。

在基础生物研究和应用中，从疾病诊断、药物开发、法医鉴定到人类学研究，DNA序列的知识都已成为不可缺少的关键因素。DNA测序可用于确定任何生物（包括人类、动物、植物和微生物）的单个基因的序列，也是对RNA或蛋白质进行测序的最有效方法。例如在分子生物学中，利用DNA测序获得的信息，人们研究基因组及其编码的蛋白质，识别疾病引起的基因变化，从而帮助确定潜在的药物靶点。又例如在人类进化的研究中，可以使用DNA测序来判定不同人种之间的相关性及整个人类是如何进化发展的。

测序的目的是分析确定 DNA 片段的碱基序列，也就是腺嘌呤（A）、胸腺嘧啶（T）、胞嘧啶（C）与鸟嘌呤（G）的排列方式。快速的 DNA 测序方法将极大地推动生物学、医学、法医学和药物学的研究。

使用石墨烯的 DNA 测序是原来纳米孔测序原理的延伸。纳米孔测序是依赖带电粒子（离子）通过纳米孔道引发电位变化来检测碱基序列的。基于石墨烯的高度敏感性，科学家们便想到了利用石墨烯薄片作为感应器的测序方法。

在石墨烯薄片上制成一个尺寸大约为 DNA 宽度的纳米洞，让 DNA 链穿过这个纳米洞（见图 8-6-1）。当碱基经过石墨烯纳米洞附近时，产生的机械应变信号将影响石墨烯的电导率，产生电位变化。而 4 个不同的碱基（A，C，G，T）对石墨烯的电导

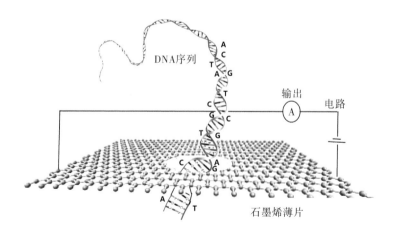

图 8-6-1　石墨烯用于 DNA 测序

率会有不同的影响。通过适当的电路检测和放大 DNA 分子通过时产生的微小电压差异，就可以知道到底是哪一个碱基正在游过纳米洞。

科学家们认为，石墨烯纳米洞 DNA 测序是一种高精度、高效率的方法。模拟实验结果表明，该测序法每秒可识别 660 亿个碱基，准确度为 90%，且无假阳性，比传统的测序法速度更快、成本更低。

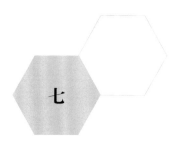

石墨烯和玻璃

　　自从石墨烯这种集众多优点于一身的新型材料在 2004 年被发现，且发现者在 2010 年获得诺贝尔物理学奖之后，中国各相关科研单位及公司对石墨烯的制备和应用表现出了极大的关注和热情。目前，中国已成为全世界石墨烯研究和应用开发最为活跃的国家之一，有关石墨烯的论文发表量和专利申请量均居世界前列。据统计，截至 2018 年 8 月 29 日，全球范围的石墨烯相关专利申请总量达 51054 件，其中来自中国的专利总数是33987 件，所占比例高达 66.57%，遥遥领先于排名第二的美国（7652 件）和排名第三的韩国（7015 件）。

　　中国不少高等学校、科研单位、公司都对研发石墨烯产品满怀热情，在石墨烯的基础研究、制备技术和应用领域也都取得了不少领先世界的成果。下面仅举一个应用研究为例。

　　北京大学的石墨烯研究团队发展了化学气相沉积法，成功地将石墨烯制备在玻璃上，制造出超级石墨烯玻璃，并研发了不少

应用项目 [①]。由此延伸研发出了一个更为引人注目的产品——超级石墨烯光纤，而光纤本来就是一种超细的石英玻璃纤维。他们发展的制备方法，可以将一层到数层石墨烯制备在光纤的外表面或内壁上，并得到很好的层数可控性，在国际上率先取得了突破。

超级石墨烯玻璃可替代传统的导电玻璃，广泛用于制造触控屏、智能窗等。石墨烯光纤的用途就更广了，因为光纤是现代通信领域不可或缺的材料，相比于传统光纤，石墨烯光纤寿命更长、机械强度更高。此外，还有可能利用石墨烯的优良导电性，实现电缆和光缆的合二为一。

超级石墨烯光纤还能用于光纤传感器、光纤内窥镜、光纤照明等，如图 8-7-1 所示的就是一种新型生物传感器——光纤传感器，在感应区域的光纤部分围绕一圈石墨烯，可以增强传感器的探测灵敏度。

实际上，石墨烯的应用范围很广，从理论研究到工程应用，至今热度不减，有高档的也有低档的，特别是广义而多层的石墨烯，既容易制备又应用广泛，可谓价廉物美。如今各种新材料百花齐放，到底哪种（或多种）材料将会主宰未来的世界，人们将拭目以待。

---

①J. Sun, Y. Chen, X. Cai, et al., "Direct low-temperature synthesis of graphene on various glasses by plasma-enhanced chemical vapor deposition for versatile, cost-effective electrodes," *Nano Research*, 8（2015）：3496-3504.

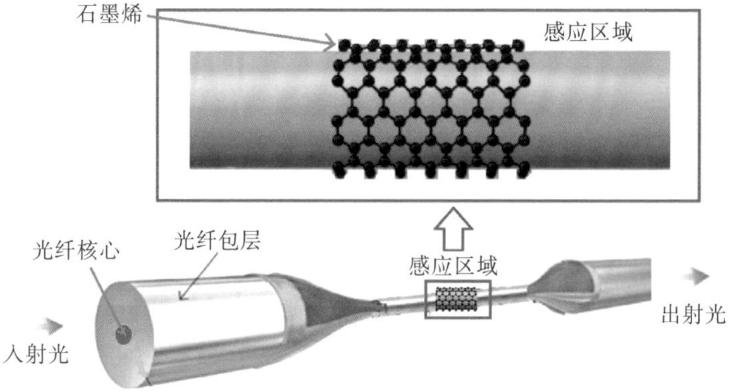

石墨烯

感应区域

光纤核心 光纤包层

感应区域

入射光

出射光

图 8-7-1 石墨烯用于光纤传感器